中等职业教育国家规划教材

全国中等职业教育教材审定委员会审定

自动化设备及生产线调试与维护

Zidonghua Shebei ji Shengchanxian Tiaoshi yu Weihu

（机电技术应用专业）

第2版

主　编　阎　坤　田景峰

主　审　鲍风雨

高等教育出版社·北京

内容提要

　　本书是在阎坤主编的中等职业教育国家规划教材《自动化设备及生产线调试与维护》的基础上修订而成的，是根据教育部颁布的中等职业学校《自动化设备及生产线调试与维护教学基本要求》编写的。

　　全书共七章，主要介绍工业生产和日常生活中常见的自动化设备及生产线的组成结构、工作原理、性能特点，重点突出自动化设备及生产线控制系统的各个组成部分的工作原理、控制系统的分析方法、器件的选用、程序设计方法以及设备的使用和常见故障的维护与维修。

　　本书在第1版的基础上，删除了保龄球、全自动洗衣机等较陈旧内容，新增了电梯、机器人、恒压供水控制系统等内容，紧跟技术发展，体现"新技术、新工艺"，使全书内容更贴近实际。

　　本书是中等职业学校机电技术应用专业教材，也可供从事自动化设备及生产线技术研究、设计和应用的工程技术人员及其他有关人员参考。

图书在版编目（CIP）数据

　　自动化设备及生产线调试与维护/阎坤，田景峰主编.
--2版. --北京:高等教育出版社,2012.9（2022.2重印）
　　机电技术应用专业
　　ISBN 978-7-04-035079-1

　　Ⅰ.①自… Ⅱ.①阎…②田… Ⅲ.①自动化设备-调试方法-中等专业学校-教材②自动生产线-调试方法-中等专业学校-教材③自动化设备-维修-中等专业学校-教材④自动生产线-维修-中等专业学校-教材 Ⅳ.①TP23

　　中国版本图书馆 CIP 数据核字（2012）第 181249 号

| 策划编辑 | 魏　芳 | 责任编辑 | 魏　芳 | 封面设计 | 于　涛 | 版式设计 | 范晓红 |
| 插图绘制 | 尹　莉 | 责任校对 | 窦丽娜 | 责任印制 | 赵　振 | | |

出版发行	高等教育出版社	网　址	http://www.hep.edu.cn
社　址	北京市西城区德外大街4号		http://www.hep.com.cn
邮政编码	100120	网上订购	http://www.landraco.com
印　刷	天津嘉恒印务有限公司		http://www.landraco.com.cn
开　本	787mm×1092mm　1/16		
印　张	14.5	版　次	2002年7月第1版
字　数	350千字		2012年9月第2版
购书热线	010-58581118	印　次	2022年2月第4次印刷
咨询电话	400-810-0598	定　价	24.10元

中等职业教育国家规划教材出版说明

　　为了贯彻《中共中央国务院关于深化教育改革全面推进素质教育的决定》精神,落实《面向21 世纪教育振兴行动计划》中提出的职业教育课程改革和教材建设规划,根据教育部关于《中等职业教育国家规划教材申报、立项及管理意见》(教职成[2001]1 号)的精神,我们组织力量对实现中等职业教育培养目标和保证基本教学规格起保障作用的德育课程、文化基础课程、专业技术基础课程和 80 个重点建设专业主干课程的教材进行了规划和编写,从 2001 年秋季开学起,国家规划教材将陆续提供给各类中等职业学校选用。

　　国家规划教材是根据教育部最新颁布的德育课程、文化基础课程、专业技术基础课程和 80 个重点建设专业主干课程的教学大纲(课程教学基本要求)编写,并经全国中等职业教育教材审定委员会审定。新教材全面贯彻素质教育思想,从社会发展对高素质劳动者和中初级专门人才需要的实际出发,注重对学生的创新精神和实践能力的培养。新教材在理论体系、组织结构和阐述方法等方面均作了一些新的尝试。新教材实行一纲多本,努力为教材选用提供比较和选择,满足不同学制、不同专业和不同办学条件的教学需要。

　　希望各地、各部门积极推广和选用国家规划教材,并在使用过程中,注意总结经验,及时提出修改意见和建议,使之不断完善和提高。

教育部职业教育与成人教育司

二〇〇一年十月

第 2 版前言

本书是阎坤主编的中等职业教育国家规划教材《自动化设备及生产线调试与维护》的修订版。本书是根据教育部颁布的中等职业学校《自动化设备及生产线调试与维护教学基本要求》编写的。

本书以面向中等职业教育为准则,从职业岗位对人才的需求出发,在编写过程中积极贯彻中等职业教育改革的精神,并力求体现中等职业教育的特点,着眼于学生在应用技术方面能力的培养,适应机电技术应用专业的要求。本书内容通俗易懂,刻意求新,注重引进新技术成果。本书在第 1 版的基础上,删除了保龄球、全自动洗衣机等较陈旧内容,新增了电梯、机器人、恒压供水控制系统等工业生产和日常生活中最新的自动化设备及生产线,力求跟上自动化技术发展的潮流。

本书的建议教学时数为 88 学时,各章学时分配见下表(供参考):

章　次	学　时　数
第一章　自动化设备及生产线概论	4
第二章　工业仿真模型及其控制技术	12
第三章　数控机床控制技术	12
第四章　气压传动控制技术	12
第五章　电梯控制系统	16
第六章　机器人控制系统	16
第七章　恒压供水控制系统	16

本书由阎坤、田景峰担任主编(阎坤编写第一章、第四章,田景峰编写第六章),参加编写工作的还有马英庆(编写第二章),鲍海龙(编写第三章),韩培成(编写第五章),张学辉(编写第七章)。各章的习题及相关的实验由各章编者编写。

本书在编写过程中得到了沈阳铁路机械学校苗玲玉的大力支持,她为本书编写提供了大量的参考资料,在此表示深切的感谢。本书由沈阳铁路机械学校鲍风雨教授担任主审,他对书稿提出了许多宝贵意见,在此表示衷心感谢。

由于编者水平有限,实际经验不足,书中难免存在疏漏之处,敬请广大读者批评指正。

编　者
2012 年 3 月

第 1 版前言

本书是根据教育部颁布的中等职业学校《自动化设备及生产线调试与维护教学基本要求》编写的。

本书在编写过程中积极贯彻中等职业教育改革的精神,并力求体现中等职业教育的特点,着眼于学生在应用技术方面能力的培养、适应机电技术专业的要求。在编写中力求通俗易懂,刻意求新,学以致用,注意引进新技术成果。在内容上选用工业生产和日常生活中最新的自动化设备及生产线,力求跟上控制技术发展的新潮流。

本教材的教学时数为 84 学时,各章学时分配见下表(供参考):

章　　次	学　时　数
第一章　自动化设备及生产线概论	4
第二章　工业模型及其控制技术	12
第三章　数控机床控制技术	24
第四章　气压传动控制技术	24
第五章　保龄球设备及控制系统	10
第六章　电脑全自动洗衣机原理与故障检修	10

本书由阎坤担任主编(编写第一章、第四章),参加编写工作的还有马英庆(编写第二章),鲍海龙(编写第三章),王兵、曹良玉(编写第五章),张天擎(编写第六章)。各章的习题及相关的实验由各章编者编写。

在编写过程中,孙广建提供了大量的参考资料,并给予了大力帮助;同时,还得到辽宁机电职业技术学院和北京仪器仪表工业学校及费斯托(中国)有限公司有关同志的大力支持,在此一并表示深切的感谢。

本书通过全国中等职业教育教材审定委员会审定。由北京科技大学罗圣国教授担任责任主审,史小路副教授、刘鸿飞副教授审稿。他们对书稿提出了许多宝贵意见,在此表示衷心感谢。

由于水平有限,实际经验不足,对书中的疏漏之处,敬请广大读者批评指正。

编　者

2002 年 1 月 6 日

目　　录

第一章 自动化设备及生产线概论

随着科学技术的不断发展,无论是在工业、农业、交通运输,还是在通信、宇航等各个领域,自动化设备及生产线到处可见,起到越来越重要的作用,并把人们从繁重的体力劳动中解脱出来。当前人类已初步进入了智能型的现代社会。本章主要介绍自动化设备的组成结构及发展前景、自动控制系统的组成结构以及工业控制机。

第一节 概 述

一、自动化设备及生产线的基本概念和定义

"自动化设备及生产线"是机电一体化技术和机电一体化产品的概括,它是机械学、电子学、计算机科学和信息科学等不断发展、相互渗透和综合应用的产物,是现代科学技术发展至一定阶段的需要和必然结果。

自动化设备及生产线是一门将机械、电子、仪表、电气、信息处理和计算机应用等技术融合在一起的复合性技术,是多项技术有机结合、综合运用的统一体,无论是自动化设备,还是自动化生产线,都是多项技术优化的系统工程。具体地说,它是以机械产品为主体,实现机械、电子、信息等技术相互结合、融为一体的产品和系统。

自动化设备及生产线涉及的学科和内容非常广泛,主要内容可概括为下列两个方面:

① 自动化设备及生产线是多学科、多技术相互交叉和相互渗透的新兴产品,是集机械技术、电子技术、计算机技术、传感技术、自动控制技术等现代高新技术于一体的产物。它将使系统或设备达到高精密化、高效率、智能化,并具有高可靠性和低成本。

② 在自动化设备及生产线中,各学科、各技术之间不是简单地相互替代或叠加,而是按系统工程的科学方法进行优化组合,不分主次而最好地达到了预定的功能目标。

二、自动化设备及生产线发展过程

200 年来,世界科学技术的巨大成就,大大推动了社会生产力的迅速发展。特别是近 30 年间,无论是在工业、农业、交通运输业,还是在通信、宇航等各个领域,其发展速度及所取得的进步都是前所未有的。人类已从学会使用工具、使用蒸汽和电力作为动力,进入了使用智能化设备部分代替人类复杂工作的时代。

人类在生产活动中,不断总结经验,发展和采用最新的科学技术推动生产向前发展。同时,在发展过程中又不断提出新的科学技术研究课题,促进科学技术本身并在相互交叉和相互渗透中继续发展,使工业生产及其产品达到前所未有的高水平。自动化设备及生产线的发展过程也有着相同的发展史。

1. 材料和机械制造精度的发展

材料的发展与产品的发展密切相关。在18世纪瓦特制造蒸汽机时,其制造气缸所用的材料主要是低碳钢或铸铁。随着一系列的耐热、耐磨的合金钢及各种高强度钢、各种新材料的出现,先后发明了汽油发动机、柴油发动机、喷气发动机等。

材料的发展推动了制造方法发展,传统的加工方法已无法加工高强度钢和合金材料。于是,新的加工方法相继出现,如电火花加工、电化学加工、激光加工等。与此同时,制造精度也不断提高,由毫米数量级发展到微米数量级、纳米数量级。

2. 科学理论的发展

科学理论是产品设计和生产技术的基础,而新产品设计和新的技术要求又将给科学理论的发展提出新的研究课题。例如,根据马克斯韦尔(Maxwell)的控制论,瓦特设计了蒸汽机调速器。20世纪60—70年代又先后出现了系统论、优化法和线性规划,以及在前述理论基础上发展起来的人工智能理论等。所有这些科学理论,都为发展计算机科学、信息科学奠定了理论基础,为开发现代自动化设备及生产线提供了条件。

3. 电子及计算机技术的发展

自1946年研制成功第一台电子计算机以来,随着微电子技术的发展,计算机技术以惊人的速度向前发展着。它经历了电子管、晶体管、集成电路、大规模集成电路和超大规模集成电路几个发展阶段,性能越来越强,体积极大缩小。

此外,随着计算机在工业中的推广应用,又相继发展了工业控制用的微型机总线系统、可编程控制系统、分散型控制系统、现场总线系统、嵌入式系统等,提供了开发自动化设备及生产线的广阔的硬件环境。

在发展计算机硬件的同时,计算机软件也很快得到发展,软件的功能也越来越丰富。软件固化的固件Firmware、工业监控组态软件、虚拟仪器等相继问世,从而大大方便了自动化设备及生产线开发。

4. 自动化设备及生产线的发展

基础理论和各类技术学科的发展及相互渗透,促进了自动化设备及生产线在各行各业的飞速发展,各类自动化设备及生产线层出不穷,日新月异。

在机械制造、特别是机床制造业方面,自1952年美国麻省理工学院研制成功第一台数控机床以来,为机床工业开辟了一个全新的自动化设备的产品结构和自动化领域。几十年来,数控机床的发展,使机械制造工业的面貌发生了根本性的变化。机床的控制功能也由单纯的过程控制向着多功能智能控制的方向发展,机床具有越来越强的状态监控和故障自诊断能力,并采用32、64位微处理器的计算机数控(CNC)系统以提高运行速度和实时能力。

在发展CNC系统的同时也发展了工业机器人。第一台工业机器人由美国UNIMATION公司研制成功。到20世纪70年代,各类机器人已能在各种工业场合承担主要工作。在发达国家,机器人的产量每年以20%~40%的速度在增长,20世纪80年代开始研究智能机器人。

CNC机床和工业机器人的发展,促进了更大规模的综合自动化系统的研究和开发,到20世纪80年代,各种柔性制造单元(FMC)和柔性制造系统(FMS)已作为新一代的自动化设备投放市场,即不是以单机的形式,而是以系统的形式提供产品。

在轻纺工业部门,用微电子技术发展自动化设备及生产线也得到普遍重视,许多设备都采用各种形式的计算机控制,如微机控制的注塑机械、食品及包装机械、化纤机械、针纺提花机械、激光照排机械、服装剪裁机械等。

在办公机械和通信器具方面,自动化设备更是层出不穷,如各种静电复印机、电子打印机、四色胶印机、传真机等。

民用消费器具方面的自动化设备更是迅速发展,花样繁多,如摄录像机、数码相机、全自动洗衣机等。

自动化立体仓库是机电一体化技术用于仓库管理的典型产品。在计算机的控制和管理下,这种仓库能完成自动堆垛、提取、运输、发送和输出报告等各项工作,不仅提高了工作效率和库存管理的准确性,而且大大节省了占地和作业面积。

其他,如在仪器仪表、医疗器械、工业流程管理与控制等方面,自动化设备及生产线的应用和产品的发展都十分迅速。

总之,自动化设备及生产线的开发研究自20世纪70年代以来到处都在进行,几乎遍及各行各业,这是在世界范围内产业界兴起的一场新技术革命。

三、自动化设备及生产线发展的主要方向

当前自动化设备及生产线的发展可以概括为以下三个方面:

1. 扩大学科面,发展新产品

自动化设备不仅综合了机械、电子、计算机等主要技术,而且已扩展至光、磁、生物、热、气、液等各种技术领域。目前发展的自动化设备中,均综合运用了各学科发展的最新成果。例如,在CNC机床中,采用激光技术发展数控激光切割机床、激光焊接机床、激光热处理机床等;在医疗机械中,发展超声图像造影、激光图像处理和彩色摄像等。此外,在新产品中,采用人工智能技术,发展智能设备和智能制造系统,也是自动化设备及生产线发展的主攻方向,如智能机器人、计算机智能制造系统等。

2. 利用微电子和计算机技术改造老产品、旧设备和生产线

用自动化设备及生产线改造传统产业,改善老产品的性能和质量,提高企业原有生产设备和系统的自动化水平和可靠性,缩短生产周期和提高经济效益,这是自动化设备及生产线研究的又一广阔领域和重要方面。例如,在机床上采用数显装置以提高机床的定位和读数精度;用可编程序控制器取代机床中老的继电器逻辑控制系统,以提高设备的可靠性;用变频器将机床的有级调速或直流机无级调速改为变频调速系统,以减少齿轮传动、简化结构和降低噪声;采用可编程序控制器、单片机或单板机改造传统的生产自动线的控制系统,以提高自动线的可靠性和稳定性,等等。

所有这些自动化设备及生产线的改造措施,其效益是十分显著的。例如,我国第二汽车制造厂车桥厂用可编程序控制器(PLC)改造设备后,单台设备的电器故障率比原有控制系统的故障率下降50%左右。原CSUX-05自动线在采用步进式顺序控制器时,故障率较高,平均每天停工达2~3 h,用PLC改造后,控制部分基本无故障运行,以每天两班制计算,全年可减少大约600个工时损失。

3. 共性关键技术及基础技术研究

自动化生产线成套装备已成为当今主流以及未来自动化设备及生产线的发展方向。自动化生产线成套装备的水平和制造能力代表了一个国家装备制造能力的最高水平,是一个国家制造

业发达程度和国家综合实力的集中体现。其中下列自动化生产线成套装备的共性技术将作为重点研究内容:

① 传感技术　在研究高精度、高灵敏度和高可靠性传感器时,必须解决抗噪能力、对生产环境的适应性、视觉传感器的图像识别、声控传感技术等。重点发展光、力、热、磁、湿等敏感元件。

② 自动化设备及生产线"虚拟制造"技术　虚拟制造技术发展很快,利用仿真软件建立起产品制造工艺过程信息化平台,再与企业的资源管理信息化平台和产品设计信息化平台结合,构成支持企业产品完整制造过程生命周期的信息化平台。自动化生产线的设计、制造也必须要基于同样的信息化平台进行,开展并行研究,实现信息共享,有利于实现生产线的柔性和质量控制的功能。

③ 自动化生产线的控制协调和管理功能　利用计算机网络技术,实现整条生产线的控制、协调和管理,快速响应市场需求,提高产品竞争力。

④ 自动化生产线的在线检测及监控技术　研究高精度、高灵敏度和高可靠性传感器,实现大型生产线的在线检测,确保产品质量,并且实现产品的主动质量控制。研究网络技术和组态软件在自动化生产线中的应用,实现生产线的在线监控,确保生产线可靠运行。

⑤ 自动化生产线模块化及标准化　研究标准化元器件,利用设计的模块化和标准化,能够实现生产线的快速调整及重构,以提高自动化设备及生产线的互换性和可靠性。

四、发展自动化设备及生产线的经济效益

自动化设备及生产线的发展,使机电产品的功能和质量得到大幅度的提高,在各方面带来了经济效益和社会效益。

1. 提高生产率

自动化设备及生产线不仅在控制系统的能力、控制精度、检测和故障诊断能力等方面都有了很大的增强和完善,而且可以实现高度的自动化和无人操作,从而大幅度提高了劳动生产率。

2. 提高精度和保证质量

无论是机械加工设备或仪器仪表,或是其他设备,都会因采用了自动化设备及生产线而提高精度和质量。例如,由于数控机床集控制、测量、反馈、信息处理、补偿和故障诊断等功能于一体,减少了人的干预和提高了系统自动化程度,大大提高了加工精度,减小了误差,加工一致性好,减少了废次品。

3. 提高产品和系统的适应能力和柔性

自动化设备及生产线都具有较高的可调整性和灵活性,也就是具有极高的柔性来适应各种要求。例如,数控机床、柔性制造系统(FMS)、柔性制造单元(FMC)都具有很高的柔性,能实现多品种和大、中、小各种批量生产的自动化,以适应市场各种多变的用户需求,提高企业在市场的竞争能力。

4. 提高可靠性

在自动化设备及生产线中,由于大量采用了自动检测、监控、校正、补偿等技术,特别在控制系统中采用了大规模集成电路构成的各种微型计算机、单片机、可编程序控制器等微电子产品,使这些设备及生产线整机结构都显著简单化和小型化,且都具有自诊断、自保护功能。因此,大

4

大降低了能耗,改善了操作性能,降低了故障率,提高了设备的使用寿命和可靠性。

5. 节约能源,降低消耗

自动化设备通过采用低能耗的驱动机构、最佳的调节控制和提高设备的能源利用率达到显著的节能效果。例如,汽车电子点火器由于控制最佳点火时间和状态可大大节约汽车耗油量;如将节流工况下运行的风机、水泵改为随工况变速运行,平均可节电30%;工业锅炉若采用微机精确控制燃料与空气的最佳混合比,可节煤5% ~20%;还有被称为电老虎的电弧炉,是最大的耗电设备之一,如改用微型计算机实现最佳功率控制,可节电20%。

6. 改善操作性和使用性

自动化装置或系统各相关传动机构的动作顺序及功能协调关系,可由程序控制自动实现,并建立良好的人机界面,对操作参量加以提示,因而可以通过简便的操作得到复杂的功能控制和使用效果。

7. 简化结构,减轻重量

由于自动化系统采用新型电气电子器件和传动技术代替笨重的老式电气控制的复杂的机械变速传动,由微处理机和集成电路等微电子器件和程序逻辑软件完成过去靠机械传动联合机构来实现的关联运动,从而使自动化产品的体积减小、结构简化、重量减轻。例如,无换向器电机将电子控制与相应的电机电磁结构相结合,取消了传统的换向电刷,简化了电机结构,提高了电机寿命,改善了运行特性,并缩小了体积;数控精密插齿机可节省齿轮等传动部件30%;一台现金出纳机用微处理机控制可取代几百个机械传动部件;采用自动化设备简化机构、减轻重量对于航天航空技术而言更具有特殊的意义。

8. 降低价格

由于结构简化,材料消耗减少,制造成本降低,同时由于微电子技术高速发展,微电子器件价格迅速下降,因此,自动化设备价格低廉,而且维修性能改善,使用寿命延长。例如,石英晶振电子表以其高性能、使用方便及低价格优势迅速占领了计时商品市场。

五、自动化设备及生产线的组成

1. 自动化设备及生产线的总体结构

自动化设备及生产线大都可分成主系统、子系统、元器件三个层次,如图1-1所示。子系统

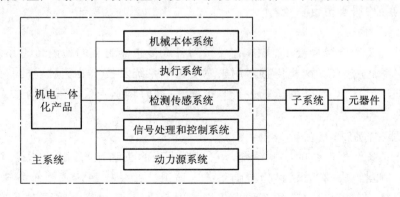

图1-1 自动化设备及生产线总体结构

和元器件所采用的形式和内容,必须依据系统所需实现的目标和功能,按系统工程原则进行规划,做出最优设计,使系统或设备达到高性能、高效率、高可靠性、低成本、柔性化和智能化。

自动化设备及生产线主系统一般可由机械本体系统、执行系统、检测传感系统、信号处理和控制系统以及动力源系统等五部分组成。

自动化设备及生产线主系统的五个组成部分都是功能系统,它们之间存在着信息流、能量流、物质流和依存关系。图 1-2 所示为自动化设备及生产线功能系统关系图。

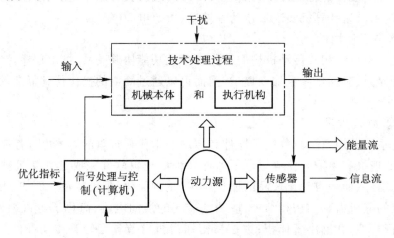

图 1-2 自动化设备及生产线功能系统关系图

2. 机械本体系统

机械本体系统是自动化设备及生产线的机械主体结构和各功能系统的支撑部件。对于在原有机械产品中增加电子装置以提高性能,或用电子装置取代原有机械部件的机电一体化产品,其机械本体部分基本上就是原来机械部分的结构或是在原来机械结构上略加改进。工业机器人的机身、数控机床的床身、立柱等机械部件,都属于机械本体系统。

3. 执行系统

这是根据信号处理系统和控制系统发出的指令进行动作,以执行和具体实施这些指令的系统,它保证指令目标的实现。数控机床的伺服驱动电动机和滚珠丝杠、机器人的伺服驱动系统和手部及腕部机构等均属于执行系统。

4. 检测传感系统

在自动化设备及生产线系统中,常具有一系列各式传感器组成的检测传感系统,它们相当于人的眼、耳和其他感觉器官。这些传感器用来感受机电系统及技术处理过程的状态信息,执行系统输出的实际动作信息,对系统的运行进行监视检测,同时将感受采集到的信息或状态参数反馈输送至信号处理和控制系统。

5. 信号处理和控制系统

这是自动化设备及生产线的主控系统。它相当于人的头脑,通常由计算机、微处理器、单片机或可编程序控制器组成,有时俗称为电脑系统。该系统接受检测传感系统发来的参数信号进行综合处理或运算,并与预先输入的系统优化指标进行比较,作出是否需要对系统的技术处理过程进行校正或补偿、系统运行是正常或反常等判断,然后向机械本体中的执行系统发出相应的控

6

制指令。

6. 动力源系统

在自动化设备及生产线中除常用的电力源之外,有时还会有其他动力源,如液压源、气压源、用于激光加工的大功率激光发生器等,组成一个动力源系统。动力源系统向机电产品的各功能系统供应能量,以驱动它们进行各种运动和操作。

以上是对自动化设备及生产线的功能系统作的概要介绍。必须指出,除机械本体系统和动力源系统外,其他三个功能系统并不是所有自动化设备及生产线所必备的。

第二节　自动控制系统组成、工作原理和分类

在工业、农业、交通运输和国防各个方面,都离不开自动控制。所谓自动控制,就是在没有人直接参与的情况下,利用控制装置对生产过程、工艺参数、目标要求等进行自动的调节与控制,使之按照预定的方案达到要求的指标。自动控制系统性能的优劣,将直接影响产品的产量、质量、成本、劳动条件和预期目标的完成。

一、自动控制系统的组成

自动控制系统的基本组成如图1-3所示,图中各基本元件功能如下:

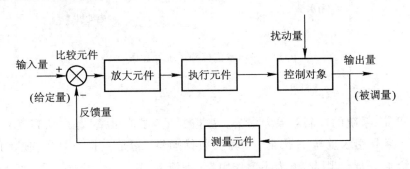

图1-3　自动控制系统基本组成

① 给定元件(Command Element)　由它调节给定信号,以调节输出量的大小。

② 测量元件(Detecting Element)　用来测量(或兼转换)输出量的大小,并反馈到输入端。

③ 比较元件(Comparing Element)　用来比较输入量和实测输出量,得出偏差值。

④ 放大元件(Amplifying Element)　用来放大偏差值。由于偏差信号一般较小,所以要经过电压放大及功率放大,以驱动执行元件。

⑤ 执行元件(Executive Element)　由放大后的偏差值驱动执行元件,产生调节动作,对输出量(又称被调量)进行控制。

⑥ 控制对象(Controlled Plant)　需要控制的机器、设备或生产过程。控制对象中要求实现控制的物理量称为系统的被调量或输出量。

⑦ 反馈环节(Feedback Element)　由它将输出量引出,再回送到控制部分。

二、自动控制系统的工作原理

下面通过一个具体实例(水位控制系统)来说明自动控制系统的工作原理。图 1-4 为一水位控制系统的示意图。

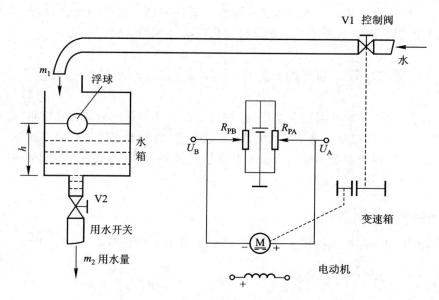

图 1-4 水位控制系统示意图

1. 系统的组成

由图 1-4 可见,系统的控制对象为水箱。被控制量(或输出量)是水位高度 h。使水位 h 发生改变的外界因素是用水量 m_2。因此,m_2 为负载扰动量(它是主扰动量)。使水位能保持恒定的可控因素是给水量 m_1。因此 m_1 为主要作用量(理清 h 与 m_1、m_2 间的关系,是分析本系统组成的关键)。

m_1 由电动机驱动的控制阀门 V1 控制。因此,电动机—变速箱—控制阀便构成执行元件。电动机的供电电压 $U = U_A - U_B$,其中 U_A 由给定电位器 R_{PA} 给定(电位器 R_{PA} 为给定元件)。U_B 由电位器 R_{PB} 给出,U_B 的大小取决于浮球的位置,而浮球的位置取决于水位 h。因此,由浮球—杠杆—电位器 R_{PB} 就构成水位的检测和反馈环节。U_A 为给定量,U_B 为反馈量,U_B 与 U_A 极性相反,所以为负反馈。

2. 工作原理

当系统处于稳态时,电动机停转,$U = U_A - U_B = 0$,即 $U_B = U_A$,同时,$m_1 = m_2$,$h = h_0$(稳态值,它由 U_A 给定)。若设用水量 m_2 增加,则水位 h 将下降,通过浮球及杠杆的反馈作用,将使电位器 R_{PB} 的滑点上移,U_B 将增大。这样 $U = (U_A - U_B) < 0$,此电压使电动机反转,经减速后,驱动控制阀 V1,使阀门开大,从而使给水量 m_1 增加,使水位不再下降,且逐渐上升并恢复到原位。这个自动调节的过程一直要继续到 $m_1 = m_2$,$h = h_0$(恢复到原水位),$U_B = U_A$,$U = 0$,电动机停转为止。

三、自动控制系统的分类

自动控制系统有许多分类方法,下面介绍几种常用的分类方法。

① 按信号传递的路径,可归纳为开环和闭环控制系统。其组成框图分别如图1-5、图1-6所示。

图1-5 开环控制系统

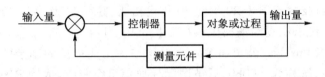

图1-6 闭环控制系统

② 按系统元件特性是否线性,可分为线性和非线性控制系统。

③ 按系统中各信号是否是时间 t 的连续函数,可分为连续和离散系统。

④ 按系统在给定输入量或扰动输入量作用下是否存在稳态误差,可分为有静差和无静差系统。

⑤ 按系统的输入量、输出量的数量,可分为单输入单输出系统和多输入多输出系统。

⑥ 按系统中参数是否随时间变化,可分为时不变系统和时变系统。

⑦ 从研究自动控制系统的动态性能、运动规律和设计方法来分(也即按输入信号的类别分),主要有恒值系统和随动系统。

第三节 工业控制机简介

一、工业控制机的发展概况

工业控制机(简称工控机)是以电子计算机为核心的测量和控制系统。整个工业测控系统通常是由传感器、过程输入/输出设备、计算机以及执行机构等部分组成的。由系统对客观世界的各种工作状态进行实时数据采集、处理并对其实施控制,从而完成自动测控任务。例如,用它来实现对生产过程的自动监控、产品质量自动检验、能源自动检测与管理等。这类系统的采用,对于提高产品产量与质量、降低成本、确保生产安全、改善工作条件、减轻体力劳动、节省能源和材料、实现科学管理等具有重要作用。事实上,现代任何一种工业,例如,航空、航天、核能、电力、煤炭、石油、化工、冶金、机械、电子、交通、轻工、纺织等,都在努力实现这种测量和控制自动化。

工业控制机已成为实现我国工业、农业、国防和科学技术现代化的重要工具。工业控制机的出现和发展是工业生产发展的需要,是工业自动化技术发展的趋势。现代化的工厂设备,主设备性能提高,生产工艺更趋复杂,加之现代控制理论的发展,都要求有更完善的自动控制手段和工具以实现复杂的控制规律,例如,完成前馈、超驰以及非线性控制等。微电子技术的飞速发展与普及应用,使模拟仪表系统与数字系统装置联用的条件逐渐成熟。工业控制机正是在这种背景下迅速发展起来的。

中国工业控制机的发展大致可以分为三个阶段。

中国工业控制机经历了20世纪80年代的第一代STD总线工业控制机,20世纪90年代的第二代IPC工业控制机,现在进入了第三代CompactPCI总线工业控制机时期。STD总线工业控制机解决了当时工业控制机的有无问题;IPC工业控制机解决了低成本和PC兼容性问题;CompactPCI总线工业控制机解决的是可靠性和可维护性问题。

1. 第一代工业控制机技术开创了低成本工业自动化技术的先河

第一代工业控制机技术起源于20世纪80年代初期,盛行于20世纪80年代末期和90年代初期,到20世纪90年代末期逐渐淡出工业控制机市场,其标志性产品是STD总线工业控制机。STD总线最早是由美国Pro-Log公司和Mostek公司作为工业标准而制定的8位工业I/O总线,随后发展成16位总线,统称为STD80,后被国际标准化组织吸收,成为IEEE 961标准。国际上主要的STD总线工业控制机制造商有Pro-Log、Winsystems、Ziatech等,而国内企业主要有北京康拓公司等。STD总线工业控制机是机笼式安装结构,具有标准化、开放式、模块化、组合化、尺寸小、成本低、PC兼容等特点,并且设计、开发、调试简单,得到了当时急需用廉价而可靠的计算机来改造和提升传统产业的中小企业的广泛欢迎和采用,国内的总安装容量接近20万套,在中国工业控制机发展史上留下了辉煌的一页。

2. 第二代工业控制机技术造就了一个PC-based系统时代

1981年8月12日IBM公司正式推出了IBM PC机,震惊了世界,也获得了极大成功。随后PC机借助于规模化的硬件资源、丰富的商业化软件资源和普及化的人才资源,于20世纪80年代末期开始进军工业控制机市场。美国著名杂志《CONTROL ENGINEERING》。在当时就预测20世纪90年代是工业IPC的时代,全世界近65%的工业计算机将使用IPC,并继续以每年21%的速度增长。历史的发展已经证明了这个论断的正确性。IPC在中国的发展大致可以分为三个阶段:第一阶段是从20世纪80年代末到90年代初,这时市场上主要是国外品牌的昂贵产品。第二阶段是从1991年到1996年,台湾生产的价位适中的IPC工业控制机开始大量进入大陆市场,这在很大程度上加速了IPC市场的发展,IPC的应用也从传统工业控制向数据通信、电信、电力等对可靠性要求较高的行业延伸。第三阶段从1997年开始,大陆本土的IPC厂商开始进入市场,促使IPC的价格不断降低,也使工业控制机的应用水平和应用行业发生极大变化,应用范围不断扩大,IPC也随之发展成了中国第二代主流工业控制机。目前,中国IPC工业控制机大小品牌约有15个,主要有研华、凌华、研祥、深圳艾雷斯和华北工控等。

3. 迅速发展和普及的第三代工业控制机技术

PCI总线技术的发展、市场的需求以及IPC工业控制机的局限性,促进了新技术的诞生。作为新一代主流工业控制机技术,CompactPCI工业控制机标准于1997年发布之初就备受业界瞩目。与以往的STD和IPC相比较,它具有开放性、良好的散热性、高稳定性、高可靠性及可热插拔等特点,非常适合于工业现场和信息产业基础设备的应用,被众多业内人士认为是继STD和IPC之后的第三代工业控制机的技术标准。采用模块化的CompactPCI总线工业控制机技术开发产品,可以缩短开发时间、降低设计费用、降低维护费用、提升系统的整体性能。

CompactPCI 在仪器仪表领域的扩展总线就是 PXI 总线。PXI 总线工业控制机产生于 1998年,主要是面向"虚拟仪器"市场而设计的,但已经不局限于测试和测量设备,正在迅速向其他工业控制自动化领域扩展,并与 CompactPCI 互相补充和融合。PXI 总线工业控制机不但具有 VXI的高采样速率、高带宽和高分辨率等特点,而且具有开放性、软件兼容性和低价格等优势。一般来说,3U PXI 产品用于构造便携式或小型化的 ATE 测试设备、数采系统、监控系统以及其他工业自动化系统。6U PXI 产品主要应用在高密度、高性能和大型 ATE 设备或工业自动化系统中。21世纪的前 20 年是新一代工业控制机技术蓬勃发展的 20 年。以 CompactPCI 总线工业控制机为代表的第三代工业控制机技术将在近几年得到迅速普及和广泛应用,并在中国信息化进程中发挥重要作用。

二、工业控制机的作用

工业控制机在自动化系统中的作用,归纳起来大致有以下几个方面。

① 巡回检测和数据处理　对数以百计的过程物理参数周期性地或随机地进行测量显示、打印记录,对于间接指标或参数可进行计算处理。

② 顺序控制和数值控制　对复杂的生产过程可按一定顺序进行启、停、开、关等操作,或对工件加工的尺寸进行精密数值控制。

③ 操作指导　对生产过程进行测量,根据测量结果与预期目的作出比较判断,决定下一步应该怎样改变生产进程,将这种决定打印或显示出来供操作人员执行或参考。

④ 直接数字控制　对生产过程直接进行反馈或前馈控制,代替常规的自动调节器或控制装置,采用分时的形式,一台工业控制机可以同时控制众多的生产环节。

⑤ 监督控制　不直接控制生产过程,只监督生产过程的进行,根据生产过程的状态、环境、原料等因素,按照过程的数字模型(或控制算法)计算出最优状况或当时应采取的控制措施,把这种措施交给在现场起直接控制作用的计算机或常规控制仪表执行,整定其给定值。

⑥ 工厂管理或调度　对全厂的自动生产线或生产过程进行管理或调度。

自动化系统的微型化、多功能化、柔性化、智能化、安全、可靠、低价、易于操作的特性都是采用工业控制机技术的结果,工业控制机技术是自动化系统中最活跃、影响最大的关键技术。

三、工业控制机的特点

① 可靠性高和可维修性好　可靠性和可维修性是两个非常重要的因素,它们决定着系统在控制上的可用程度。可靠性的简单含义是指设备在规定的时间内运行不发生故障,为此采用可靠性技术来解决;可维修性是指工业控制机发生故障时,维修快速、简单、方便。

② 环境适应性强　工业生产环境恶劣,这就要求工业控制机适应高温、高湿、腐蚀、振动、冲击、灰尘等环境。工业生产环境电磁干扰严重,供电条件不良,工业控制机必须要有极高的电磁兼容性。

③ 控制的实时性　工业控制机的控制对象都是实时变化的,为了及时应对被控对象随时发生的变化,工业控制机在某一限定的时间内必须完成规定处理的动作,通常要求工业控制机具有硬实时(严格的实时处理)性。

④ 完善的输入输出通道　为了对生产过程进行控制,需要给工业控制机配备完善的输入输出通道,如模拟量输入、模拟量输出、开关量输入、开关量输出、人-机通信设备等。

⑤ 丰富的软件　工业控制机应配备较完整的操作系统、适合生产过程控制的应用程序。工业控制软件正向结构化、组态化方向发展。

⑥ 适当的计算精度和运算速度　一般生产过程对于计算精度和运算速度要求并不苛刻。通常字长为 8～32 位,速度为每秒几万次至几百万次。但随着自动化程度的提高,对于计算精度和运算速度的要求也在不断提高,应根据具体的应用对象及使用方式,选择合适的机型。

四、工业控制机的分类

目前工业控制机的主要类别有 PC 总线工业计算机、可编程序控制器、分散型控制系统(DCS)、现场总线系统(FCS)及数控系统五种。

1. PC 总线工业计算机

PC 总线工业计算机由工业机箱、无源底板及可插入其上的各种板卡组成,如 CPU、I/O 卡等。它采取全钢机壳、机卡压条过滤网、双正压风扇等设计及 EMC(electromagnetic compatibility)技术以解决工业现场的电磁干扰、振动、灰尘、高/低温等问题,具有高可靠性、实时性、扩充性、兼容性的特点。

2. 可编程序控制器

可编程序控制器是计算机技术与自动化控制技术相结合而开发的一种适用于工业环境的新型通用自动控制装置,是作为传统继电器的替换产品而出现的。随着微电子技术和计算机技术的迅猛发展,可编程序控制器更多地具有了计算机的功能,不仅能实现逻辑控制,还具有了数据处理、通信、网络等功能。由于它可通过软件来改变控制过程,而且具有体积小、组装维护方便、编程简单、可靠性高、抗干扰能力强等特点,已广泛应用于工业控制的各个领域,大大推进了机电一体化的进程。

3. 分散型控制系统(DCS)

分散型控制系统是一种高性能、高质量、低成本、配置灵活的控制系统,可以构成各种独立的控制系统、监控和数据采集系统(SCADA),能满足各种工业领域对过程控制和信息管理的需求。分散型控制系统采用模块化设计,软硬件功能配置合理,功能易于扩展,能广泛应用于各种大、中、小型电站的分散型控制,发电厂自动化系统的改造以及石化、造纸等工业生产过程控制。

4. 现场总线系统(FCS)

现场总线系统是全数字串行、双向通信系统。系统内测量和控制设备如探头、激励器和控制器可相互连接、监测和控制。在工厂网络的分级中,它既作为过程控制(如 PLC、LC 等)和应用智能仪表(如交频器、阀门、条码阅读器等)的局部网,又具有在网络上分布控制应用的内嵌功能。其应用前景广阔,生产厂家众多。目前,国际上已知的现场总线有四十余种,比较典型的现场总线有 FF、Profibus、LONworks、CAN、HART、CC-LINK 等。

5. 数控系统

现代数控系统是采用微处理器或专用微型计算机的数控系统,由事先存放在存储器里的系统程序(软件)来实现逻辑控制,并通过接口与外围设备进行连接,称为计算机数控系统(CNC 系统)。

CNC 系统由数控程序、输入装置、输出装置、计算机数控装置（CNC 装置）、可编程序控制器（PLC）、主轴驱动装置和进给（伺服）驱动装置（包括检测装置）等组成。CNC 系统更小巧，其灵活性、通用性、可靠性更好，易于实现复杂的数控功能，使用、维护也方便，并具有与上位机连接及进行远程通信的功能。

习　题　一

1. 简述自动化设备及生产线的基本组成部分及各部分作用。
2. 叙述自动控制系统是由哪几个部分组成的。
3. 指出自动控制系统分为哪几种类型。
4. 指出目前在自动化系统中有哪些常用的控制技术。
5. 指出工业控制机与信息处理机的区别。

第二章 工业仿真模型及其控制技术

第一节 概 述

随着生产和科学技术的发展,工业仿真模型越来越发挥着巨大的作用,在自动化工厂建设以前,做一个完整的工业模型来进行分析,有利于改进设计方案,缩短建设周期,减少投资风险。对于教学培训来说,意义就更为重大。现在已有技术含量较高的工程技术类插装模型,六面可拼接,从齿轮到凸轮,从万向节到齿轮箱,各种零部件应有尽有。模型材质一般采用尼龙材料,耐磨损,扭曲和弯折不变形。也有的用铝合金作为构件材料,保证模型拼装的牢度和强度,由它组装的模型具有技术高仿真度,几乎可以模拟机械设备的各种工作过程。本章将对机械手仿真模型的结构和工作原理加以分析,来解释实际机械设备复杂的控制技术原理,用模型完全将"技术还原"。

早期应用的机械手结构形式比较简单,专用性较强。随着科学技术的发展,现已能制成智能化较高、能够独立地按程序控制实现重复操作、使用范围较广的程序控制机械手。由于机械手能很快地改变工作程序,适用性较强,所以它在很多领域中获得广泛应用。如它可实现操作对象的装卸、转向、输送、分拣或维修等作业的自动化,能大大地提高劳动生产率,减轻劳动强度,实现安全生产,保证了产品质量。尤其在高温、高压、低温、低压、粉尘、易爆、易燃、有毒气体、放射性等恶劣的环境及宇宙太空中,机械手代替人进行正常工作,作用更为重大。

下面简单介绍实际普通机械手的组成和分类。

一、机械手的组成

如图 2-1a 所示,机械手主要由控制系统、驱动系统、执行机构以及位置检测系统(有的配有数据远传装置)等组成。

1. 执行机构

包括手部、手腕、手臂、立柱、机座和行走机构等部件,如图 2-1b 所示。

① 手部 与物体接触的部件。主要分夹持式和吸附式两种。

② 手腕 连接手部和手臂的部件。

③ 手臂 支撑手腕和手部的部件。

④ 立柱 支撑手臂的部件。

⑤ 机座 机械手执行机构和驱动系统支撑平台。

⑥ 行走机构 移动机械手整体行走的部件。分有轨和无轨两种。

2. 驱动系统

机械手的驱动系统是驱动执行机构运动的传动部分,分为液压传动、电力传动、气压传动三种形式。

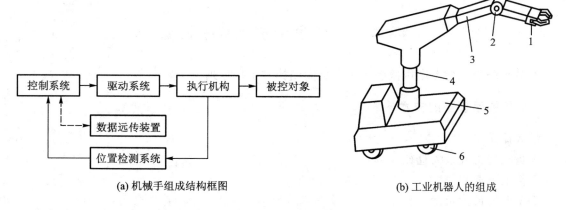

(a) 机械手组成结构框图　　　　　　　　(b) 工业机器人的组成

图 2-1　机械手的组成

1—手部；2—手腕；3—手臂；4—立柱；5—机座；6—行走机构

3. 控制系统

支配机械手按规定的程序运动的控制装置。

4. 位置检测系统

检测机械手执行机构的运动位置并反馈给控制系统的装置。

5. 数据远传装置

机械手同上位机交换信息的装置。

二、机械手的分类

1. 按用途分

① 通用机械手　特点是通用性强,动作灵活,定位精度高,程序可变,有独立控制系统。

② 专用机械手　特点是结构简单,动作少,工作对象单一,控制程序固定,无独立的控制系统,附属于主机,如"加工中心"附属的自动换刀机械手。

2. 按驱动方式分

① 液压传动机械手　是以油液的压力来驱动执行机构运动的机械手。特点是结构紧凑,传动平稳,抓重大,不宜在高温、低温下工作。

② 气压传动机械手　是以压缩空气的压力来驱动执行机构运动的机械手。特点是结构简单,动作迅速,成本低,但抓重小,稳定性差。

③ 电力传动机械手　是由特殊结构的直线电机、感应电机、步进电机等直接驱动机构运动的机械手。特点是机械结构简单,无中间的转换机构,运动速度快,工作范围大。

3. 按控制方式分

① 点位控制　特点是它的运动为空间点到点之间的移动,不控制其运动轨迹。

② 连续轨迹控制　特点是它的运动轨迹为空间的任意连续曲线,整个移动过程任何点均处于控制之下。

目前机械手的发展趋势是扩大机械手的应用领域,提高机械手的工作性能,开发组合式机械手,研制有"感觉"器官的机械手即"智能机器人"。

第二节 三自由度机械手模型

本节将分析三自由度机械手仿真模型的结构和工作原理。

一、机械手模型的技术参数

最大抓重	100 g
手指夹持工件最大直径	40 mm
手臂上下摆动角度	60°
手臂回转最大角度	90°
运料频率	5 次/min

二、机械手模型的结构和工作原理

三自由度机械手的结构如图 2-2a 所示,其组装工序如图 2-2b ~ i 所示。三自由度机械手主要由手指夹持机构、手臂上下摆动机构、机械手回转机构和各种固定支架等组成。手指夹持机构主要由电动机、减速器、主轴、万向节、丝杠、行走块、手指、限位开关和脉冲开关等组成;手臂上下摆动机构主要由电动机、减速器、蜗轮、蜗杆、齿轮、链条、主轴、限位开关、脉冲开关等组成;机械手回转机构主要由电动机、减速器、蜗轮、蜗杆、限位开关、脉冲开关等组成。

电动机 2(图 2-2)得电,经过减速器 3 减速后驱动蜗杆 4 旋转,再由蜗杆 4 驱动蜗轮 1 旋转,使固定在蜗轮 1 上的机械手作水平向左或向右转动。电动机 5 得电,经过减速器 6 减速后驱动蜗杆 9 旋转,再由蜗轮 10 通过主轴 12 把转动传给主动链轮 11,再通过链条 16 来带动重链轮 8 旋转,驱动重链轮 8 的主轴 7 转动,使固定在主轴 7 上的机械手臂作垂直向上或向下摆动。电动机 14 得电,经过减速器 13 减速后驱动主轴 15 旋转,再由万向节 17 把转动传给丝杠 18,驱动行走块 19 移动,带动手指做夹持或松开运动。

机械手完成一个循环的动作顺序如图 2-3 所示。

机械手完成上述动作,主要由手指夹持机构、手臂上下摆动机构、机械手回转机构等共同作用来实现。机械手每个运动状态通过检测其对应的脉冲开关产生脉冲数来控制。机械手的水平回转角度由脉冲开关 SQ4 产生的脉冲个数确定,手臂上下摆动的角度由脉冲开关 SQ5 产生的脉冲个数确定,手指夹持状态由脉冲开关 SQ6 产生的脉冲个数确定。开关 SQ2 是手臂上摆限位开关,开关 SQ1 是机械手水平左转限位开关,开关 SQ3 是手指松开限位开关。

脉冲开关和限位开关选用的是同一种微动开关,因在系统控制中起的作用不同分别叫做脉冲开关和限位开关,其结构如图 2-4 所示。其工作原理是:当推杆被压下时,弓簧片发生变形,储存能量并产生位移,当达到预定的临界点时,弓簧片连同动触点产生瞬时跳跃,从而导致动触点和动合触点接通。当卸去推杆操作力时,弓簧片释放能量并产生反向位移,当通过另一临界点时,弓簧片向相反方向跳跃,导致动触点和动断触点接通。

微动开关动合触点通断一次就会输出一个脉冲,对其通断计数,这一开关作脉冲开关用。

本章控制系统中微动开关无论作限位开关用还是作脉冲开关用,都选用其动合触点。

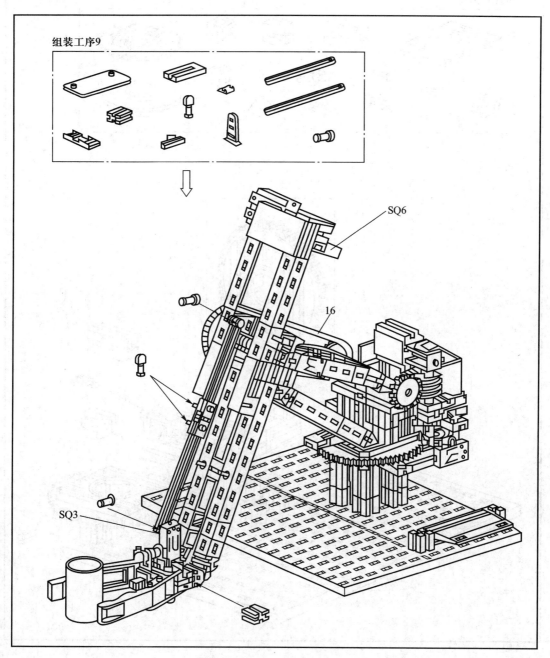

组装工序9

(a) 组装成形图（组装工序 9）

SQ3—手指松开限位开关；SQ6—手指夹紧脉冲产生开关；16—链条

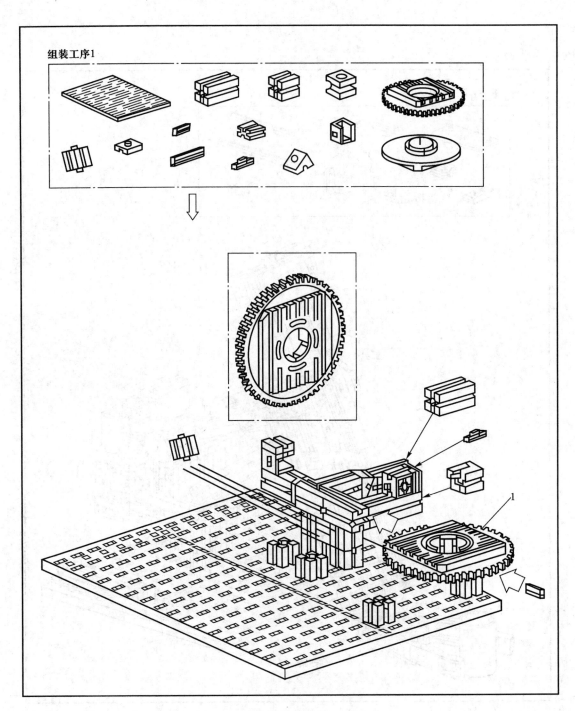

(b) 组装工序 1

1—蜗轮

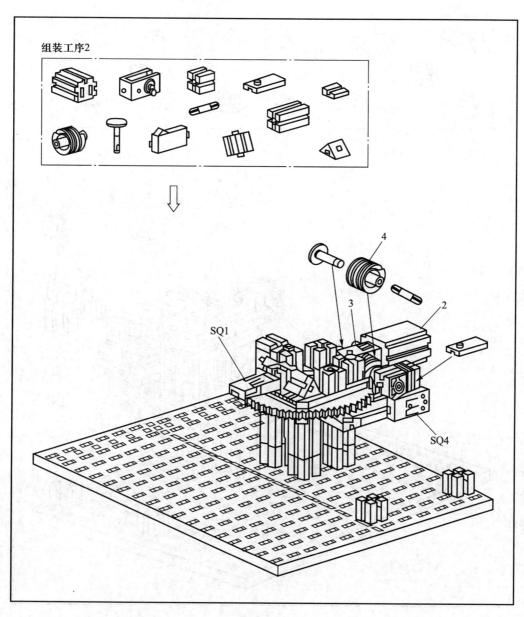

(c) 组装工序 2

SQ1—水平左转限位开关；SQ4—水平转动脉冲产生开关；2—电动机；3—减速器；4—蜗杆

组装工序3

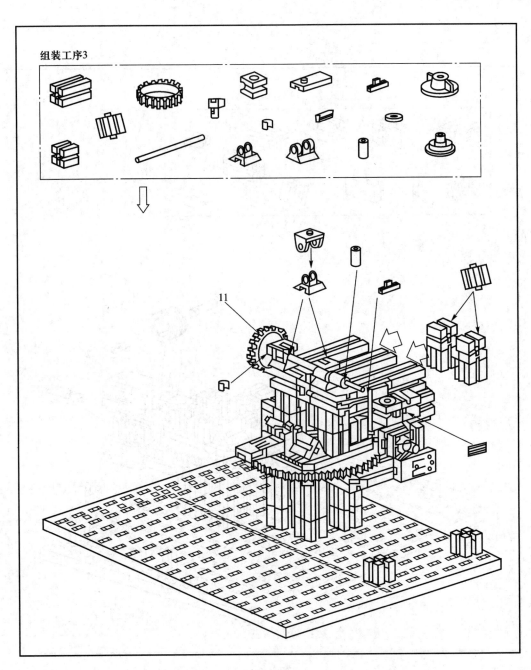

(d) 组装工序 3

11—主动链轮

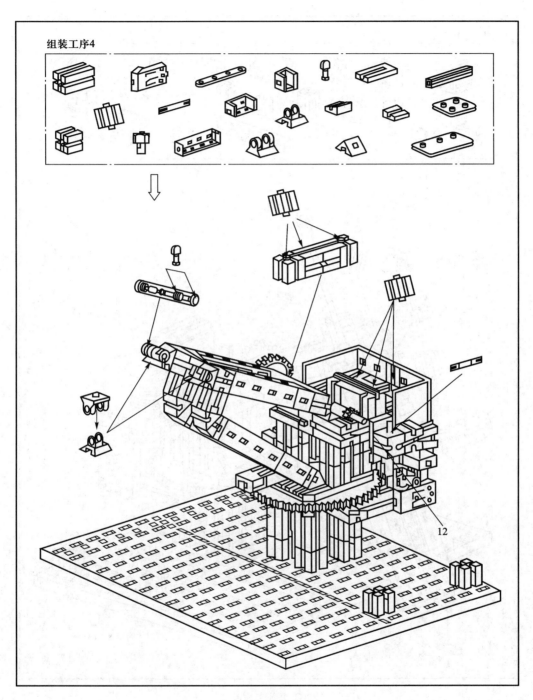

(e) 组装工序 4

12—主轴

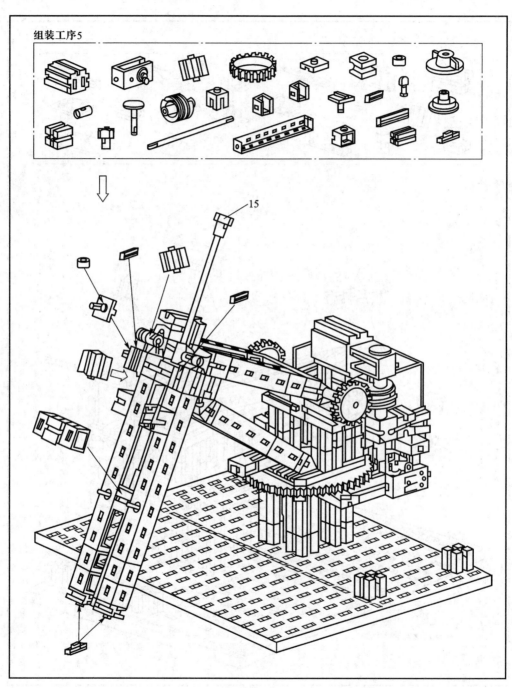

组装工序5

(f) 组装工序 5

15—主轴

组装工序6

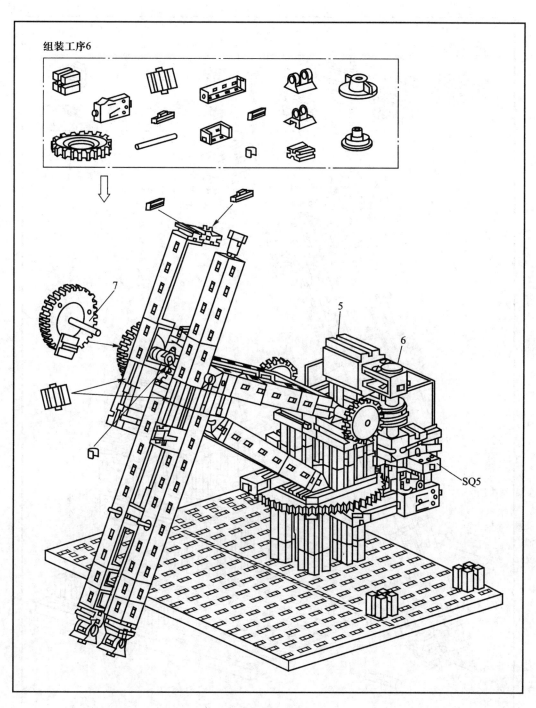

(g) 组装工序 6

SQ5—手臂上下摆动脉冲产生开关；5—电动机；6—减速器；7—主轴

23

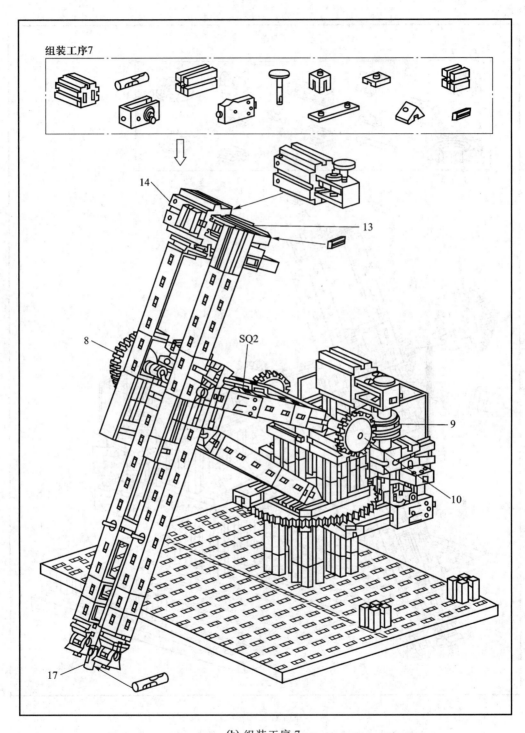

(h) 组装工序 7

SQ2—手臂上摆限位开关；8—重链轮；9—蜗杆；10—蜗轮；13—减速器；14—电动机；17—万向节

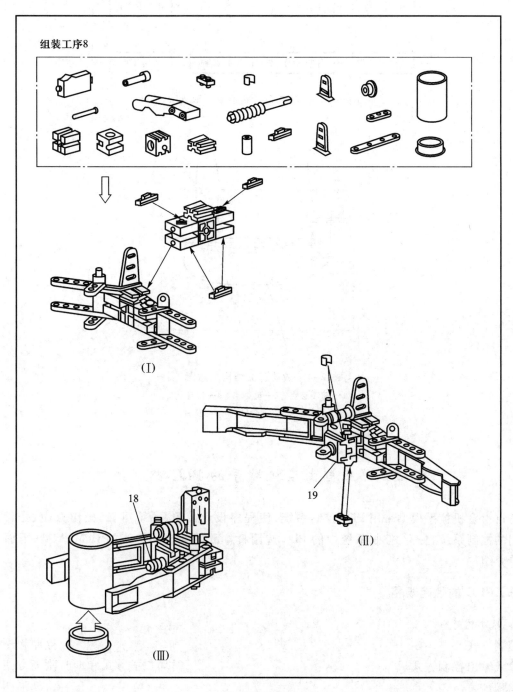

組装工序8

（I）

18

19

（II）

（III）

（i）组装工序8

18—丝杠；19—行走块

图 2-2　三自由度机械手结构图

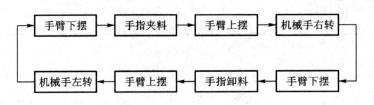

图 2-3　三自由度机械手动作示意图

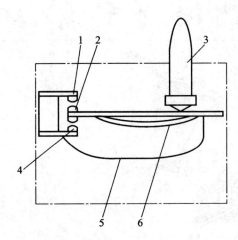

图 2-4　微动开关结构示意图
1—动断触点；2—动触点；3—推杆；
4—动合触点；5—壳体；6—弓簧片

第三节　三自由度机械手的 PLC 控制系统

三自由度机械手模型采用 PLC 控制系统,使程序设计简单,系统可靠,操作方便,是目前较多采用的控制系统之一。控制系统中的 PLC 选用日本欧姆龙公司生产的 CPM1A 型,下面对其做简单介绍。

一、PLC 的性能规格

1. 基本性能

控制方式	存储程序方式
输入输出控制方式	循环扫描方式和即时刷新方式并用
编程语言	梯形图方式
指令长度	1 步/1 指令,1 ~ 5 字/指令
处理速度	基本指令 0.72 ~ 16.2 μs
程序容量	2 048 字
最大 I/O 点数	40 点

输入继电器	00000～00915
输出继电器	01000～01915
内部辅助继电器	512 点
特殊辅助继电器	384 点
暂存继电器	8 点
保持继电器	320 点
定时计数器	128 点
快速响应输入	最小输入脉冲宽度 0.2 ms

2. 输入输出规格

① 输入规格　输入电路内部结构如图 2-5 所示。

输入电压	直流 24 V、24 V×(1+10%)、24 V×(1-15%)
输入阻抗	大于 2.2 kΩ
输入电流	小于 5 mA
ON 电压	最小直流 14.4 V
OFF 电压	最大直流 5.0 V

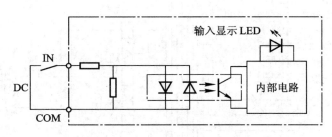

图 2-5　输入电路内部结构图

② 输出规格　输出电路内部结构如图 2-6 所示。

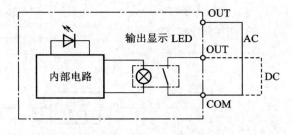

图 2-6　输出电路内部结构图

最大开关能力	交流 250 V/2 A,直流 24 V/2 A
ON 响应时间	15 ms 以下
OFF 响应时间	15 ms 以下

二、三自由度机械手 PLC 控制

三自由度机械手分手动控制和自动控制两种工作方式。自动控制由 PLC 实现控制。

1. 自动控制要求

如图 2-7 所示,如果机械手不在初始位置,首先把手动/自动转换开关 SA7 切到手动位置,按下相应按钮 SB1 ~ SB6,机械手返回初始位置。按下启动按钮 SB11 后,PLC 输出继电器 01002 输出,J3 线圈通电,动合触点 J3 闭合,电动机 M2 正转,机械手由初始位置向下运动,计数器 C000 开始计数,计数等于设定数值,继电器 01002 关闭输出,机械手转动停止。PLC 启动输出继电器 01004 输出,J5 线圈通电,动合触点 J5 闭合,电动机 M3 反转,机械手夹紧工件,计数器 C001 开始计数,计数等于设定值,继电器 01004 关闭输出,夹紧工件停止。PLC 启动输出继电器

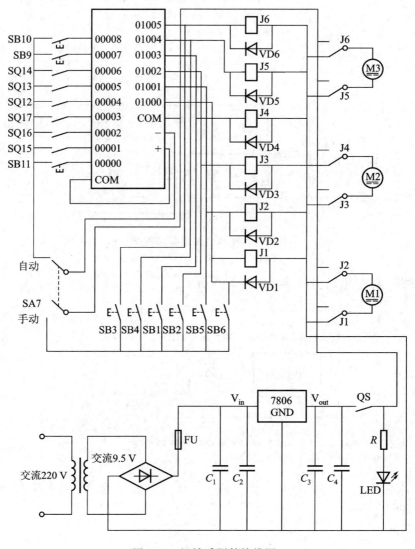

图 2-7 机械手硬件接线图

28

01003 输出,J4 线圈通电,动合触点 J4 闭合,电动机 M2 反转,机械手向上运动,到达上限位开关位置,机械手停止向上。PLC 启动输出继电器 01000 输出,J1 线圈通电,动合触点 J1 闭合,电动机 M1 正转,机械手向右运动,计数器 C002 开始计数,计数到设定值时,停止向右运动。PLC 启动输出继电器 01002 输出,J3 线圈通电,动合触点 J3 闭合,电动机 M2 正转,机械手再次向下运动,计数器 C000 开始计数,计数等于设定值,机械手停止向下运动。PLC 启动输出继电器 01005 输出,J6 线圈通电,动合触点 J6 闭合,电动机 M3 正转,机械手松开工件。等触到松开限位开关后,松开动作停止。PLC 启动输出继电器 01003 输出,J4 线圈通电,动合触点 J4 闭合,电动机 M2 反转,机械手向上运动,到达上限位开关位置,机械手停止向上。PLC 启动输出继电器 01001 输出,J2 线圈通电,动合触点 J2 闭合,电动机 M1 反转,机械手向左运动,压下左限位开关 SQ12 后停止运动,机械手开始进行下一个自动循环过程。在运行中若遇紧急情况,按下急停按钮 SB9,机械手立刻停止运行。

2. 功能图

根据系统的控制要求画出机械手功能图,如图 2-8 所示。

3. PLC 的 I/O 地址分配

（1）输入信号

启动按钮 SB11	00000
复位按钮 SB10	00008
急停按钮 SB9	00007
上限位开关 SQ13	00005
松开限位开关 SQ14	00006
左限位开关 SQ12	00004
右计数开关 SQ15	00001
下计数开关 SQ16	00002
夹紧计数开关 SQ17	00003

（2）输出信号

机械手右行	01000
机械手左行	01001
机械手下降	01002
机械手上升	01003
机械手夹紧工件	01004
机械手松开工件	01005

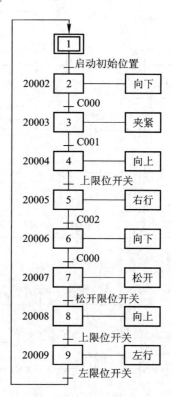

图 2-8 三自由度机械手控制系统功能图

4. 梯形图

根据输入、输出间逻辑关系,将系统的功能图转换成梯形图,如图 2-9 所示。

5. 直流电动机正反转工作原理

如图 2-10 所示,若继电器 J2 不通电,J1 通电,动合触点 J1 闭合(触点 1、5 接通),电动机上的电流由 B 侧流向 A 侧,电动机 M 正转;若继电器 J1 不通电,J2 通电,动合触点 J2 闭合(触点 3、6 接通),电动机上的电流由 A 侧流向 B 侧,电动机 M 反转。

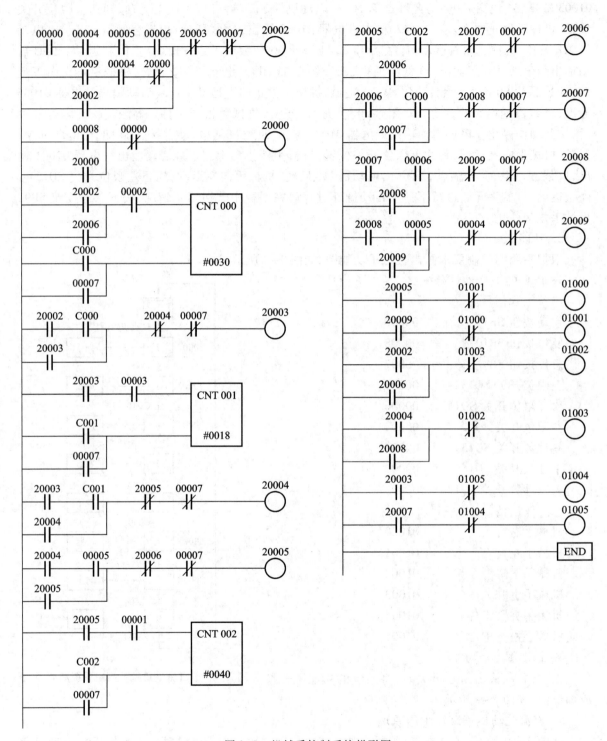

图 2-9　机械手控制系统梯形图

30

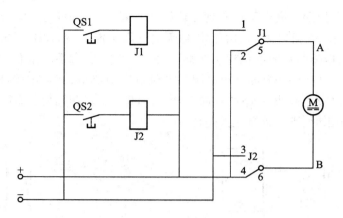

图 2-10　直流电动机正反转工作原理图

第四节　三自由度机械手的单片机控制系统

三自由度机械手的单片机控制系统采用 AT89C51 单片机控制。该单片机属于 ATMEL 公司生产的 8 位 Flash 单片机系列。这个系列单片机的特点是在整片内含有 Flash 存储器,与 8051 系列单片机是兼容系列,可以直接代换,有静态时钟工作方式,节省电能,可以反复进行重新编程,有多种陶瓷封装形式,可在恶劣环境下长期工作,应用广泛。

一、89C51 系列单片机简介

1. 概述

89C51 单片机芯片内部具有 128 B 数据存储器 RAM 和 4 KB 可重复编程的 Flash 存储器,有 32 个可编程的 I/O 端口,有 2 个 16 位定时/计数器,有 5 个中断,有通用串行接口,有低电压空闲及电源下降方式, 89L51 是 89C51 的低电压型号,它可在 2.7 ~ 6 V 电压范围内工作,其他功能和 89C51 相同。

2. 引脚说明

双列直插式 40 脚封装的 89C51 引脚排列图如图 2-11 所示,其引脚大致可分为:电源(V_{CC}、V_{SS}、V_{PP}、V_{pd}),时钟(XTAL1、XTAL2),I/O 口(P0 ~ P3),数据总线(P0),地址总线(P0、P2)和控制总线(ALE、RST、$\overline{PROG}$、$\overline{PSEN}$、$\overline{EA}$)等几部分。

RST/V_{pd}(9)复位信号输入端:振荡器工作时,该

P1.0	1	40	V_{CC}
P1.1	2	39	P0.0
P1.2	3	38	P0.1
P1.3	4	37	P0.2
P1.5	6	35	P0.4
P1.6	7	34	P0.5
P1.7	8	33	P0.6
RST/V_{pd}	9	32	P0.7
RSD/P3.0	10	31	$\overline{EA}/V_{PP}$
TXD/P3.1	11	30	ALE/$\overline{PROG}$
$\overline{INT0}$/P3.2	12	29	$\overline{PSEN}$
$\overline{INT1}$/P3.3	13	28	P2.7
T0/P3.4	14	27	P2.6
T1/P3.5	15	26	P2.5
$\overline{WR}$/P3.6	16	25	P2.4
$\overline{RD}$/P3.7	17	24	P2.3
XTAL2	18	23	P2.2
XTAL1	19	22	P2.1
V_{SS}	20	21	P2.0

图 2-11　89C51 引脚图

引脚上持续 2 个机器周期的高电平可实现复位操作。复位分得电复位和手动复位两种方式。图 2-12 所示为得电复位,在得电瞬间,由于电容两端电压不能突变,RST 引脚的电位与 V_{CC} 相同。随着电容器的充电,RST 引脚的电位逐渐下降。图 2-13 所示为手动复位,当按下按钮 SB0 时,实现复位。P1 和 P2 口是具有内部上拉电阻的 8 位双向 I/O 口,其输出缓冲器能够吸入/放出 4 个 TTL 输入。P0 口是 8 位漏极开路的双向 I/O 口。P0 作为输出口时,每个引脚可吸入 8 个 TTL 输入;用作 I/O 口输出时,需要外部上拉电阻。

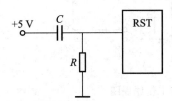
图 2-12　得电复位电路图

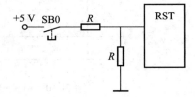
图 2-13　手动复位电路图

二、单片机控制硬件电路

单片机要完成下列动作控制:机械手左右运动,机械手手臂上下运动,机械手夹紧和松开运动。电气控制实现手动和自动控制。

控制电路如图 2-14 所示,按钮(SB1～SB8)为手动控制按钮,SA0 为手动/自动转换开关,开关(SQ1～SQ6)为位置开关量,其中开关(SQ3～SQ5)的通断用以产生计数脉冲(SQ3～SQ5 每开关一次就会输出一个脉冲)。

1. 手动按钮开关功能

① SA0　手动/自动转换开关;

② SB1　手臂下摆按钮;

③ SB2　手臂上摆按钮;

④ SB3　机械手顺时针(右转)转动按钮;

⑤ SB4　机械手逆时针(左转)转动按钮;

⑥ SB5　手指持物按钮;

⑦ SB6　手指松开按钮;

⑧ SB7　自动运行启动按钮;

⑨ SB8　复位按钮。

2. 位置开关量功能

① SQ1　机械手顺时针转动限位开关;

② SQ2　手臂上摆限位开关;

③ SQ3　手指松开限位开关;

④ SQ4　机械手水平转动脉冲输出开关;

⑤ SQ5　手臂上下摆动脉冲输出开关;

⑥ SQ6　手指夹紧脉冲输出开关。

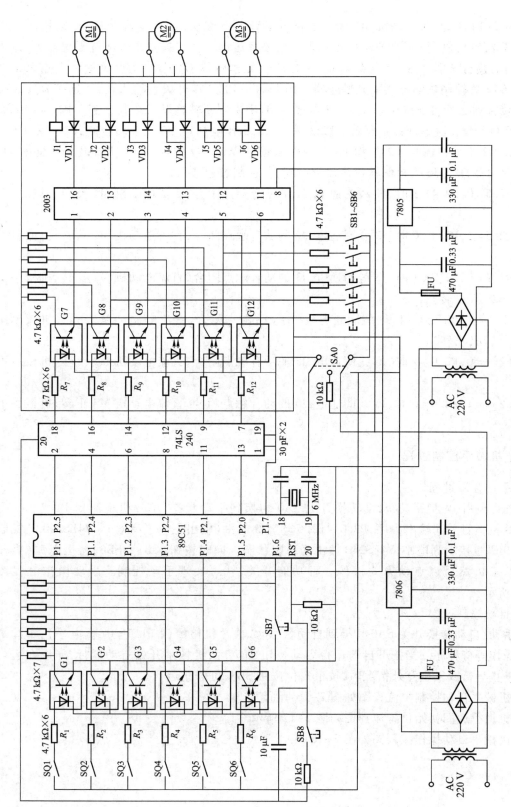

图 2-14 机械手的控制电路图

在图 2-14 中，直流电动机 M1 驱动机械手手臂上下摆动，直流电动机 M2 驱动机械手作水平转动，直流电动机 M3 驱动机械手手指作夹紧松开运动。为了提高系统的抗干扰能力，输入和输出电路均接有光耦合器（两电源独立，不共地），光耦合器 G1～G6 为开关量输入隔离光耦合器，G7～G12 为控制量输出隔离光耦合器。用 P1.0～P1.5 作开关量输入位，分别接 SQ1～SQ6。P1.6 位接自动运行启动按钮 SB7，P1.7 位接 SA0，用来判断转换开关工作状态。P2.0～P2.5 分别用来控制 3 台直流电动机正反转。P2.0 和 P2.1 用作电动机 M3 正反转控制，P2.2 和 P2.3 用作电动机 M2 正反转控制，P2.4 和 P2.5 用作电动机 M1 正反转控制。74LS240 为反向驱动器，2003 为驱动器，J1～J6 为控制输出直流继电器，其控制过程如下：

当 P2.5 = 0，P2.4 = 1 时，J1 线圈通电，J1 的动合触点闭合，直流电动机 M1 反转，机械手手臂下摆；

当 P2.5 = 1，P2.4 = 0 时，J2 线圈通电，J2 的动合触点闭合，直流电动机 M1 正转，机械手手臂上摆；

当 P2.3 = 0，P2.2 = 1 时，J3 线圈通电，J3 的动合触点闭合，直流电动机 M2 反转，机械手作水平逆时针转动（左转）；

当 P2.3 = 1，P2.2 = 0 时，J4 线圈通电，J4 的动合触点闭合，直流电动机 M2 正转，机械手作水平顺时针转动（右转）；

当 P2.1 = 0，P2.0 = 1 时，J5 线圈通电，J5 的动合触点闭合，直流电动机 M3 反转，机械手手指夹紧；

当 P2.1 = 1，P2.0 = 0 时，J6 线圈通电，J6 的动合触点闭合，直流电动机 M3 正转，机械手手指松开。

三、机械手控制过程

1. 手动控制过程

系统得电后，先把手动/自动转换开关 SA0 切换到手动状态，单片机检测到 P1.7 = 1（高电平），单片机运行关闭输出程序，P2.0～P2.5 均置高电平（输出低电平有效）。74LS240 的控制端 1 脚和 19 脚也接上高电平，74LS240 输出为高阻状态。同时按钮（SB1～SB6）接上电源（操作处于有效状态），然后以点动方式操作各种功能开关，就可实现手动控制。手动操作流程图如图2-15 所示。

2. 自动控制过程

当手动/自动转换开关 SA0 切换到自动状态时，单片机检测到 P1.7 = 0（低电平），单片机运行自动操作等待程序。当按下自动运行启动按钮 SB7 后，机械手开始自动运行，如果在运行过程中想停止运行或发生意外情况时，按下复位按钮 SB8，可停止运行。

① 机械手自动控制主流程图如图 2-16 所示。
② 机械手返回初始位置流程图如图 2-17 所示。
③ 机械手自动操作流程图如图 2-18 所示。

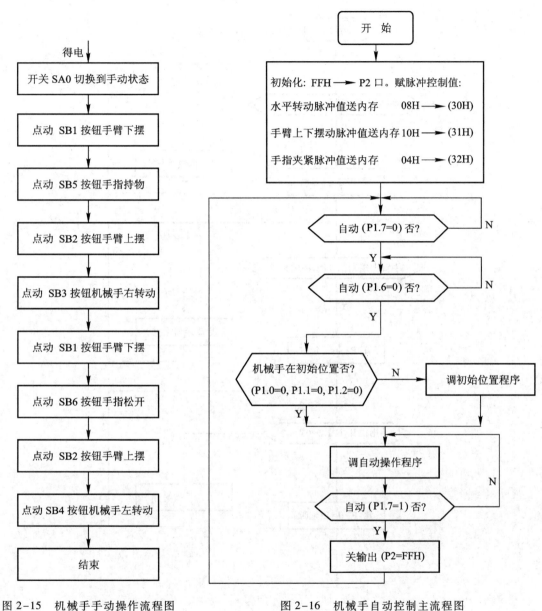

图 2-15　机械手手动操作流程图　　　　　　　图 2-16　机械手自动控制主流程图

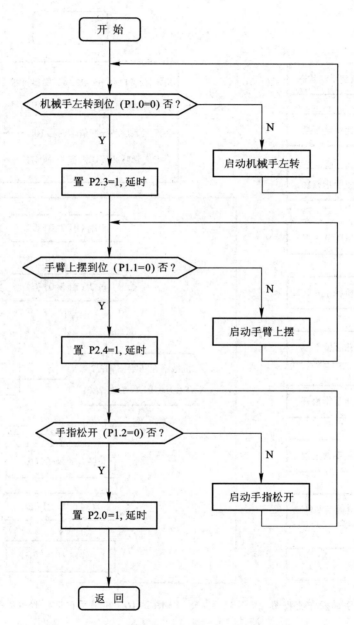

图 2-17 机械手返回初始位置流程图

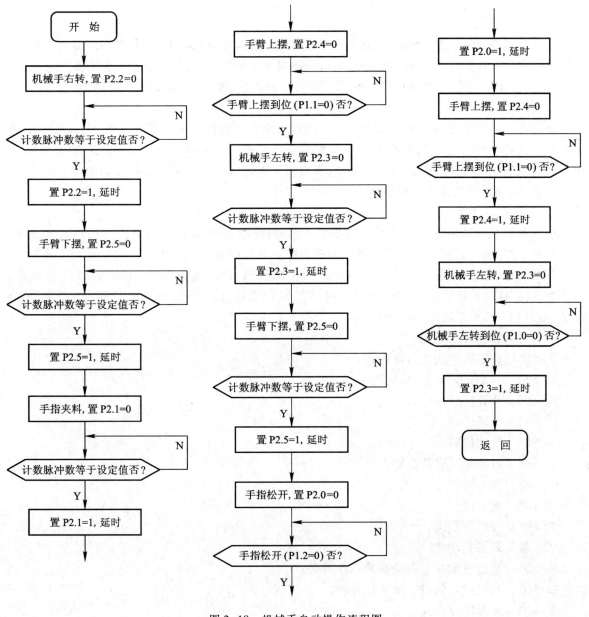

图 2-18 机械手自动操作流程图

第五节 自动找币机械手模型

自动售货机和自动投币电话都装有自动找币系统。它们设有三种储币仓：1 号仓储 1 分钱，2 号仓储 2 分钱，3 号仓储 5 分钱。最大找币额为 80 分/次，找币频率为 5 次/min。

一、结构和工作原理

模型的结构如图2-19a所示,它分为行走机构、行走驱动机构、储币仓和各种固定支架四部分。行走机构主要由电动机、减速器、限位开关、齿条和机械手臂等组成;行走驱动机构主要由电动机、减速器、脉冲开关、齿轮及丝杠等组成;储币仓由储1分钱仓、储2分钱仓和储5分钱仓构成。

1. 机械工作原理

如图2-19所示,电动机1通过减速器7减速后由主动齿轮3驱动重动齿轮5旋转,再由重动齿轮5把转动传给丝杠4,带动行走机构作水平向左或向右移动。固定在行走机构上的电动机6通过减速器7减速后驱动齿条8移动,带动固定在齿条上的机械手手臂作向前或向后移动(每往返一次从钱仓内推出一枚钱)。

2. 电气控制原理

电气控制系统采用AT89C51单片机控制。单片机控制完成机械手行走机构左右运动;机械手手臂前后伸缩运动;通过键设置找钱数额等动作。电气控制实现手动和自动控制。

其电路如图2-20所示,按钮SB1~SB6为手动控制按钮,按钮SB7~SB8为数值设置键,SA0为手动/自动转换开关,开关SQ1~SQ4为输入开关量,其中开关SQ1的通断产生计数脉冲(SQ1每开关一次就会输出一个脉冲)。

(1)手动按钮开关功能

① SB1　行走机构向左运动按钮;

② SB2　行走机构向右运动按钮;

③ SB3　伸臂按钮;

④ SB4　收臂按钮;

⑤ SB5　复位按钮;

⑥ SB6　自动运行启动按钮;

⑦ SB7　加1键;

⑧ SB8　减1键;

⑨ SB9　设置参数键。

(2)输入开关量功能

① SQ1　行走机构左右运动脉冲产生开关;

② SQ2　行走机构向右运动限位开关;

③ SQ3　伸臂限位开关;

④ SQ4　收臂限位开关。

在图2-20中,电动机(M1、M2)为2台直流电动机,其工作电压为直流6V。电动机M1为行走机构左右运动驱动电动机,电动机M2为机械手臂伸缩运动驱动电动机。光耦合器(G1~G4)为开关量输入隔离光耦合器,光耦合器(G5~G8)为控制量输出隔离光耦合器。单片机的P1.0~P1.3作开关量输入位,分别接SQ1~SQ4,P1.4接启动按钮SB6,P1.5和P1.6作数值设置位,分别接SB7和SB8;P2.0~P2.6作数码管的段选位;P3.6和P3.7作数码管的位选位;P0.0~P0.3控制两台直流电动机正反转,P0.4接SA0,用来判断转换开关工作状态。74LS240作单片机输出反向驱动器,图2-20中3片2003作输出信号驱动器,J1~J4控制输出直流继电器,其控

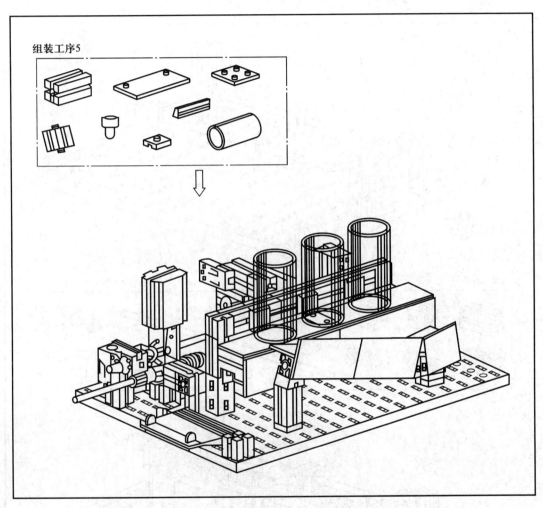

组装工序5

(a) 组装成形图(组装工序 5)

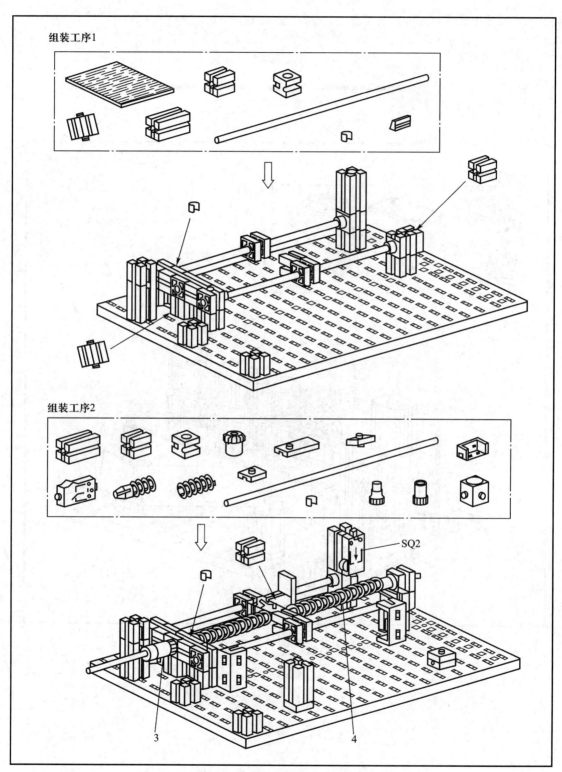

组装工序1

组装工序2

SQ2

3

4

(b) 组装工序 1 和组装工序 2

3—主动齿轮；4—丝杠；SQ2—行走机构向右运动限位开关

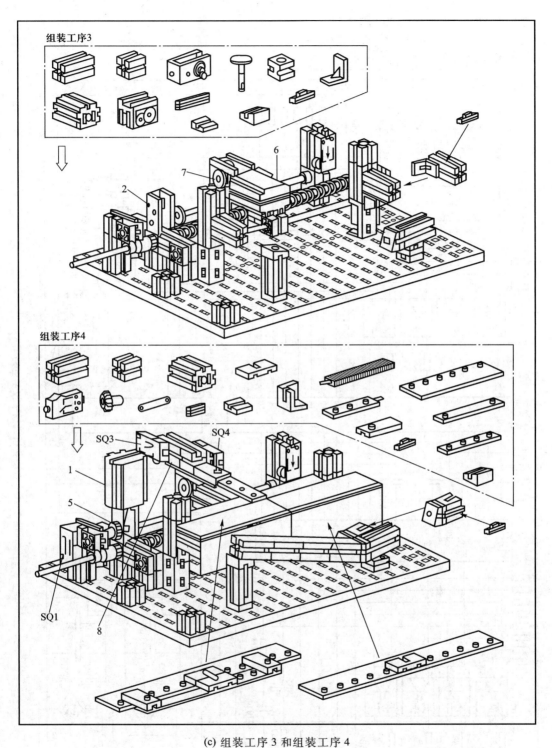

組装工序3

組装工序4

(c) 組装工序 3 和組装工序 4

1、6—电动机；2、7—减速器；SQ1—行走机构左右运动脉冲产生开关；SQ3—伸臂限位开关；

SQ4—收臂限位开关；5—重动齿轮；8—齿条

图 2-19　自动找币机械手结构组装图

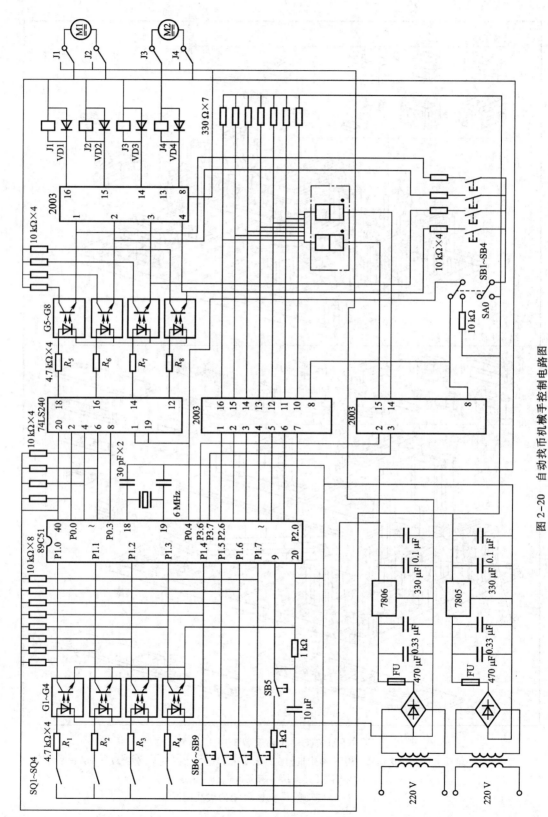

图 2-20 自动找币机械手控制电路图

制过程如下：

当 P0.0 = 0,P0.1 = 1 时,J1 线圈通电,J1 的动合触点闭合,直流电动机 M1 正转,行走机构向左行；

当 P0.0 = 1,P0.1 = 0 时,J2 线圈通电,J2 的动合触点闭合,直流电动机 M1 反转,行走机构向右行；

当 P0.2 = 0,P0.3 = 1 时,J3 线圈通电,J3 的动合触点闭合,直流电动机 M2 正转,机械手手臂向前伸；

当 P0.2 = 1,P0.3 = 0 时,J4 线圈通电,J4 的动合触点闭合,直流电动机 M2 反转,机械手手臂向后缩。行走机构运动位置由检测到的 SQ1 产生的脉冲数确定,手臂伸缩位置由限位开关 SQ3 和 SQ4 的状态确定。

二、自动找币机械手控制过程

1. 手动控制过程

当手动/自动转换开关 SA0 切换到手动状态时,单片机检测到 P0.4 = 1(高电平),单片机运行关闭输出程序,P0.0 ~ P0.3 均置高电平(输出低电平有效)。74LS240 的控制端 1 脚和 19 脚也接上高电平,74LS240 输出为高阻状态。同时按钮(SB1 ~ SB4)接上电源,各按钮操作处于有效状态,然后以点动方式操作对应的控制按钮,就可实现手动操作。

2. 自动控制过程

当手动/自动转换开关 SA0 切换到自动状态时,单片机检测到 P0.4 = 0(低电平),找币机械手自动复位到初始位置,单片机将运行自动操作等待程序。当通过 SB7 ~ SB9 键设置完找币数额后,点动自动运行启动按钮 SB6,单片机自动完成找币操作全过程。按下复位按钮 SB5,可在运行过程中停止运行。

① 自动找币机械手自动控制主流程图如图 2-21 所示。

② 自动找币机械手返回初始位置流程图如图 2-22 所示。

③ 自动找币机械手显示流程图如图 2-23 所示。

④ 自动找币机械手设置找币金额流程图如图 2-24 所示。

⑤ 自动找币机械手自动操作流程图如图 2-25 所示。

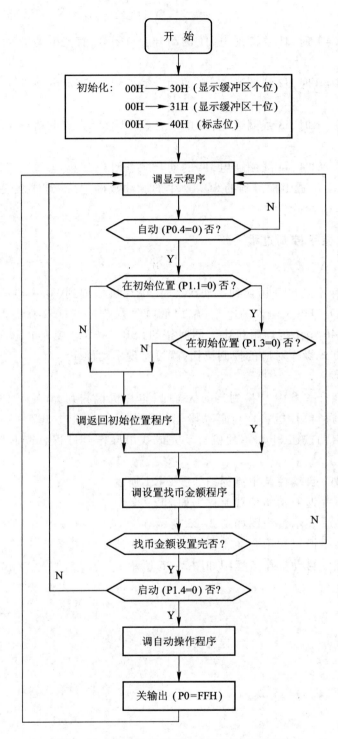

图 2-21　自动找币机械手自动控制主流程图

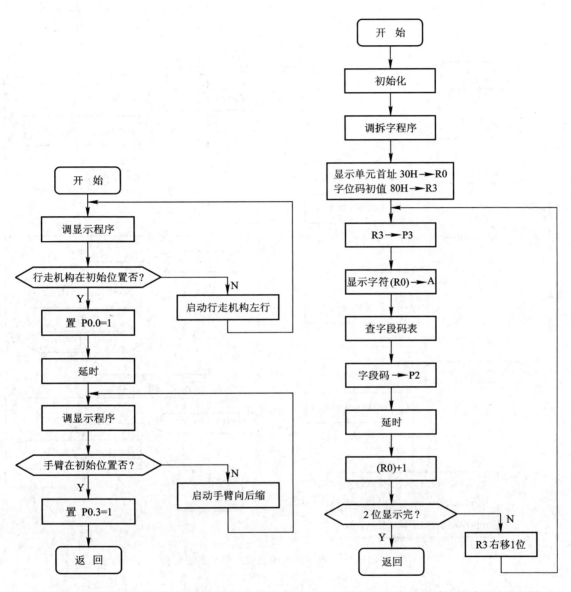

图 2-22　自动找币机械手返回初始位置流程图　　　　图 2-23　自动找币机械手显示流程图

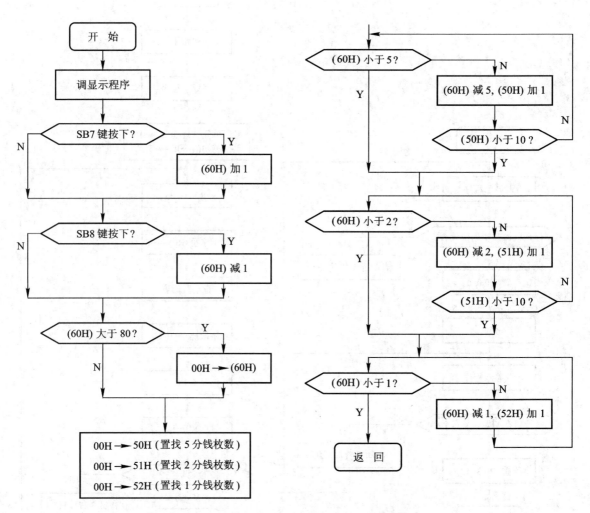

图 2-24　自动找币机械手设置找币金额流程图

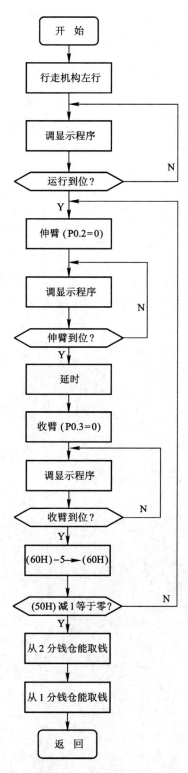

图 2-25 自动找币机械手自动操作流程图

习　题　二

1. 仿真模型有什么实际意义?
2. 怎样实现直流电动机正反转控制?
3. PLC 控制系统有什么特点?
4. 单片机控制系统有什么特点?
5. 为什么应用光耦合器能抗干扰?

第三章　数控机床控制技术

第一节　概　　述

数控机床是机械加工领域中典型的自动化设备。它综合应用了机械制造（高精度加工与制造）、数字控制（计算机控制）、伺服控制（驱动控制）、测量和检测（传感器）等技术。所以，这种自动化设备一经被应用，就显示出其强大的生命力，尽管数控机床的历史仅有 60 年，但其发展对现代工业产生了极大的影响。

一、数控机床的基本概念

1. 数控（NC）

所谓数控，是数字控制的简称。数字控制（Numerical Control）是近代发展起来的一种自动控制技术，是用数字量信号对机床运动及其加工过程进行控制的一种方法。

2. 数控机床

所谓数控机床，就是采用了数控技术的机床。国际信息处理联盟第五技术委员会对数控机床作了如下定义：数控机床是一个装有程序控制系统的机床。该系统能够有逻辑地处理具有使用数码或其他符号编码指令规定的程序。定义中所指的程序控制系统就是常说的数控系统，即完成对数控机床自动控制的控制系统。

二、数控机床的发展过程

1. 数控机床发展概述

1946 年，世界上第一台电子计算机的问世为数字化控制奠定了技术基础。1947 年，美国在研制一种直升机时，为了精确制造直升机的叶片的样板，美国 PARSONS 公司提出了用电子技术来控制坐标铣床的方案，并与麻省理工学院（MIT）伺服机构研究所协作，开始了数控机床的研制工作，经过几年的研制，于 1952 年试制成功了世界上第一台数控三坐标铣床。

数控机床的发展经历了两个阶段共六代。所谓六代是按使用的控制器先后顺序划分，分别是电子管、晶体管、集成电路、小型计算机、微处理器和基于工控机 PC 的通用 CNC 系统。两个阶段是指前三代为第一阶段，称为硬件数控，简称 NC 系统；后三代为第二阶段，称为计算机软件数控，也称 CNC 系统。

1952 年，世界上第一台数控机床在美国诞生。其控制所使用的元件是电子管。

1958 年，晶体管和印刷电路板开始应用在数控机床的控制系统中。出现了带自动换刀的数控机床——加工中心。德国于 1956 年、日本于 1958 年开发生产出了数控机床。

1965 年，小规模集成电路开始用于数控装置，减小了数控装置的体积，降低了功耗，提高了可靠性。1967 年，英国首先把几台数控机床连接成具有柔性的加工系统——柔性制造系统

（FMS）。

1970 年,在美国芝加哥国际机床展览会上,首次展出了用小型计算机控制的数控机床,这是第一台计算机控制的数控机床（CNC）。

1974 年,微处理器直接用于数控系统,极大地促进了数控机床的普及和数控技术的发展。

1990 年,基于工控机 PC 机的通用性数控系统出现。

2. 我国数控机床的发展历史

我国数控机床是从 1958 年开始研制的,到目前已经有 50 多年的历史。

20 世纪 50 年代到 60 年代中期,我国开始从电子管着手研制数控机床。

1965 年,我国开始研制晶体管数控机床。在这一阶段研制的劈锥数控铣床、非圆齿轮插齿机都获得了成功。1968 年研制成功了 CJK-18 晶体管数控系统及 X53K-1G 立式数控铣床。

20 世纪 70 年代初期,数控技术在车、铣、钻、镗、磨、齿轮加工、电加工等领域全面展开,数控加工中心也相继在上海、北京研制成功。20 世纪 70 年代中期,我国数控机床已经有了一定的生产批量,并具有了一定的设计研制的能力。

20 世纪 80 年代初,我国实行改革开放政策,先后从日本、美国等国家引进了部分数控装置及伺服系统的技术,并于 1981 年开始批量生产。

20 世纪 80 年代中后期,我国研制出自己的数控加工中心,标志着我国数控技术已经取得了长足的进步。

1990 年后,我国已经完全能够自主开发最新的数控机床。以武汉华中数控股份有限公司为代表的数控技术开发者们,在数控机床领域为我国在世界上已经占有了一席之地。

3. 数控机床的发展趋势

从数控机床的发展过程可以看出,数控技术在制造业中的应用正日趋广泛。现代工业对制造业不断提出更高的要求,为制造业的发展提供了动力,迫使制造业向更高的方向发展。诸如超高速切削、超精密加工技术的应用,对数控机床的数控系统、伺服性能、主轴驱动、机床的动静态性能等提出了更高的要求。随着 FMS 和 CIMS 的不断成熟,对数控机床的网络功能、人工智能和自适应控制等技术必将提出更高的要求。计算机技术的迅速发展为数控机床的发展提供了坚实的技术基础。目前的数控机床正在不断采用最新技术成就,朝着高速度化、高精度化、多功能化、智能化、系统化与高可靠性等方向发展。

（1）数控机床向高速度化、高精度化发展

速度和精度是数控机床的两个重要指标,它们互相制约。位移速度越大,定位精度就越难提高。速度和精度将决定数控机床的加工效率和加工质量。特别是超高速、超精密加工技术,对数控机床各坐标轴位移速度和定位精度提出了更高的要求。现代数控机床配备了高性能的数控系统及伺服系统,其位移分辨率和进给速度已经分别达到 1 μm 和 100～240 m/min、0.1 μm 和 24 m/min、0.01 μm 和 400～800 mm/min。

（2）多功能化

① 数控机床的一机多能以最大限度提高设备利用率　配有自动换刀机构（刀库容量可达 100 把以上）的各类加工中心,能在同一台机床上实现铣削、镗削、钻削、车削、铰孔、扩孔、攻螺纹甚至磨削等多种工序的加工。为了进一步提高工效,现代数控机床采用了多主轴、多面体切削,即同时对一个零件的不同部位进行不同方式的切削加工。工件一经装夹,各种工序和不同的工

艺加工过程都能集中到同一台设备上来完成。这样,既可减少装夹工件的时间,又可避免工件多次装夹所造成的定位误差。

② 前台加工后台编辑的前后台功能　现代数控系统由于采用了多 CPU 结构和分级中断控制方式,使得在一台数控机床上可同时进行零件加工和程序赋值,实现"前台加工,后台编辑"。在数控机床加工的同时,操作者可进行程序的输入、编辑、修改、利用 CRT 进行动态图形模拟显示加工轨迹。这样,可大大提高工作效率和数控机床的利用率。

③ 更强的通信功能　现代化的制造工厂将不再是单台的机床各自独立使用,而是将所用的数控机床通过现场总线连接起来,构成 FMC、FMS、CIMS 等。这样,就需要数控机床必须具有更强的通信功能。目前的数控机床,大多数已经配备了 RS-232C 和 RS-422 高速远距离串行接口。为适应更高的要求,数控机床必须配有 DNC 接口。

（3）智能化

① 自适应控制技术　自适应控制是要求在随机变化的加工过程中,通过自动调节加工过程中所测得的工作状态、特性,按照给定的评价指标自动校正自身的工作参数,以达到或接近最佳工作状态。在实际加工中,影响加工质量的因素很多。编程人员在编写程序的过程中,尽管对可能出现的情况作了充分的准备,但是,实际的加工情况是时刻在变化的,也是编程人员不可能完全都考虑的,或者即使考虑到,程序无法实现。比如:被加工的材料的硬度不一致,刀具磨损,工件变形,机床热变形,等等。应用了自适应控制技术的数控机床,能够根据切削条件的变化,自动调节工作参数,使数控机床在加工过程中能保持最佳工作状态,从而得到较高的加工精度和较小的表面粗糙度。

② 自动故障诊断与修复功能　数控机床的故障诊断是依靠 CNC 系统的内装程序实现的。该诊断程序可实现对数控机床的全程跟踪诊断和故障处理。一旦出现故障,立即采用停机等措施,并进行报警。同时,应用"冗余"技术,自动使故障模块脱机,接通备用模块,以确保无人化工作环境的要求。

③ 刀具寿命自动检测和更换　采用红外、声波、激光等各种检测手段,对刀具和工件进行监测。发现工件超差、刀具磨损、破坏,可及时报警、自动补偿或更换备用刀具,以保证产品质量。

（4）数控编程自动化

数控机床加工零件时,首先要做的就是编制该零件的加工程序。目前,加工程序的编制主要有两种方式:一种是编程人员根据图纸的要求,手工编制加工程序。另一种是利用 CAD/CAM 软件编制加工程序。而未来的编程将全部采用自动编程系统,即应用 CAD/CAPP/CAM 集成的全自动编程方式。采用这种方式编程,所需的工艺参数不必由人工参与,而是从 CAPP 数据库中提取。这样获得的加工程序可直接通过数控机床的通信接口送入数控机床,进行自动控制加工。

（5）更高的可靠性

可靠性是数控机床最重要的指标。未来的数控机床的可靠性将主要从下面几个方面努力。

① 提高数控系统的硬件质量　采用更高集成度的芯片,利用大规模或超大规模的专用集成电路,精简外部连线和降低功耗,对元器件进行严格筛选,采用高质量的多层印制电路板,实行三维高密度安装工艺等。

② 模块化、标准化和通用化　通过硬件功能软件化适应各种控制功能的要求,同时采用硬件模块化、标准化和通用化,既提高了硬件的生产批量,又便于组织生产和保证质量。

③增强故障自诊断、自恢复和保护功能 通过自动运行启动诊断、在线诊断、离线诊断等多种自诊断程序,对系统内硬件、软件和各外部设备进行故障诊断和报警。利用报警提示及时排除故障。利用容错技术对重要部件采用"冗余"设计,以实现故障自恢复。利用各种测试、监控技术,当产生超差、刀具磨损、干扰、断电等各种意外事件时,自动进行相应的保护。

第二节 数控机床的组成

从总体上说,数控机床由机械部分和自动控制部分组成。一般地,将自动控制部分分为控制介质(加工程序)、数控装置和伺服驱动控制系统三部分。

一、控制介质

所谓控制介质,就是用于控制数控机床加工工件的程序。加工程序是由专业的编程人员手工或利用 CAD/CAM 软件自动编制的。为了实现程序控制,需要数控机床提供刀具相对工件的位置。位置控制实现的方法就是在数控机床上建立坐标系。

1. 数控机床坐标系的建立

(1)坐标轴的定义

如图 3-1 所示,如果工件不动,刀具做进给运动,数控机床(刀具)直线进给运动的直角坐标系用 X、Y、Z 表示,称为基本坐标系,其相互关系用右手定则决定。围绕 X、Y、Z 轴旋转的圆周进给坐标轴分别用 A、B、C 表示。如果工件运动,刀具不动,用 X'、Y'、Z' 表示工件做进给运动的坐标系坐标轴。如果另有平行于基本坐标系的坐标系,则用 U、V、W 及 P、R、Q 表示。

各坐标轴的正方向规定为刀具远离工件的方向。

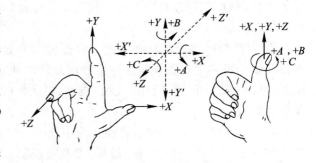

图 3-1 数控机床的坐标系

数控机床中首先定义 Z 坐标轴(简称 Z 轴):规定平行于主轴轴线的坐标轴为 Z 轴,对于没有主轴的机床,规定垂直于工件装夹表面的坐标轴为 Z 轴。

其次,定义 X 坐标轴(简称 X 轴):在工件旋转的机床上,X 轴的定义为工件的径向并平行于横向拖板,如数控车床。在刀具旋转的机床上,X 轴作为水平的、平行于工件装夹平面的轴,它平行于主要的切削方向,如数控铣床。

Y 坐标轴垂直于 X 轴和 Z 轴,X 轴和 Z 轴确定后,按右手定则确定。

(2)数控机床坐标系

各坐标轴已经有了相应的定义后,根据不同的原点,就可定义出不同的坐标系。如机床坐标系(也称为机械坐标系)、工件坐标系(也称为编程坐标系)、绝对坐标系和相对坐标系。

机床坐标系的坐标原点由机床零点(机械原点、机床原点)确定。机床零点在数控机床上是唯一确定的。不同的数控机床的机床零点是不同的。

工件坐标系是由编程人员在编写数控加工程序时,为定义工件尺寸,在工件上选择的坐标系。在一个工件上,根据编程的需要,可以确定多个原点。工件坐标系和机床坐标系的位置关系一般由相应的指令确定。

绝对坐标系和相对坐标系:运动轨迹的终点坐标是相对于起点计量的坐标系称为相对坐标系(或增量坐标系)。所有坐标点的坐标值均从某一固定坐标系原点计量的坐标系称为绝对坐标系。

(3)典型数控机床的坐标系

比较常见的数控机床主要有数控车床、数控铣床(卧式、立式)。图3-2所示为两种卧式数控车床的坐标系,图3-3所示为两种数控铣床的坐标系。

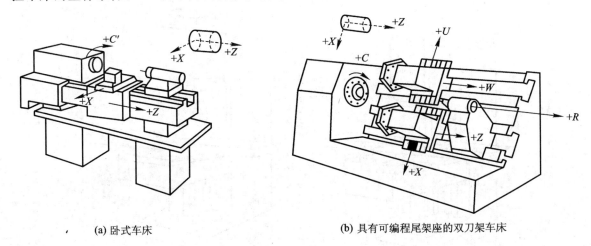

(a)卧式车床　　　　　　　　(b)具有可编程尾架座的双刀架车床

图3-2　卧式数控车床的坐标系

2. 编程的指令系统

在数控机床的编程指令体系中,主要有五种指令,即准备功能指令(G指令)、进给功能指令(F指令)、主轴转速功能指令(S指令)、刀具功能指令(T指令)和辅助功能指令(M指令)。

(1)准备功能指令(G)

用来规定刀具和工件的相对运动轨迹(插补功能指令)、机床坐标系、插补平面、刀具补偿、坐标偏置等多种加工操作的指令。由字母G及后面的两位数字组成,从G00到G99共计100种代码。

(2)进给功能指令(F)

用来指定各运动坐标轴及其任意组合的进给量或螺纹导程。一般的进给速度有两种表示方法。

第一种方法是代码法:在字母F后跟两位数字,这两位数字只是某一进给速度的代码,它并不代表实际的进给量。

第二种方法是直接指定法:在字母F后直接给出进给量的大小,这种方法较为直观。由于进给量是有单位的,所以有两种表示方法:

① 切削进给速度(每分钟进给量)　以每分钟进给距离的形式指定刀具切削进给速度的大

小,用字母 F 和其后的数值描述。如 F1500,表示每分钟进给量是 1 500 mm。

②同步进给速度(每转进给量)　主轴每转一转刀具相对工件移动的距离,如0.01 mm/r。只有主轴上装有位置编码器的机床,才能实现同步进给速度。

(3) 主轴转速功能指令(S)

该指令用于指定主轴转速。用字母 S 加 2~4 位数字表示。S 指令要与 M 指令配合使用。

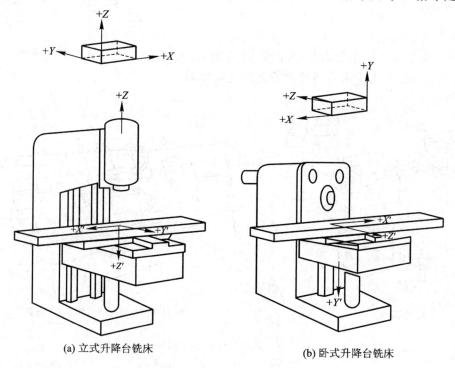

(a) 立式升降台铣床　　　　　　　　　　(b) 卧式升降台铣床

图 3-3　数控铣床的坐标系

(4) 刀具功能指令(T)

在自动换刀的数控机床中,该指令用来选择所需的刀具,同时也用来表示刀具的偏置和补偿,由字母 T 加 2~4 位数字组成。不同的数控机床的 T 指令功能有较大的差别。

(5) 辅助功能指令(M)

辅助功能指令主要配合 G 指令完成加工任务。辅助功能指令有 M00~M99 共计 100 种。

3. 编程的基本方法

数控程序的编制过程主要包括分析零件图样、工艺处理、数字处理、编写程序单、键盘输入程序及程序校验,如图 3-4 所示。数控机床的程序编制方法主要有手工编程和自动编程两种。手工编程是指从分析零件图样、工艺处理、数字处理、编写程序单、键盘输入程序直至程序校验等各步骤均由人工完成。手工编程适于点位加工或几何形状不太复杂的零件。自动编程经历了数控语言(例如 APT 语言)编程、CAD/CAM 的图形交互式编程(例如采用 MasterCAM 等软件进行编程)和 CAD/CAPP/CAM 集成的全自动编程。手工编程的优点是不需要任何辅助工具和设备,缺点是编程的错误率高,编程的效率低。自动编程的优点是可完成手工编程无法完成的零件的编程,且编程的效率高、编程准确;缺点是需要投入设备和软件,编程成本较高。

4．零件加工程序的结构和格式

零件加工程序主要由程序名称、程序段和程序结束等组成。

程序的名称就是给零件加工程序编号，以便进行检索，并说明该零件加工程序开始。常用一个字符加若干十进制数字表示。常用的字符有"％"、"O"、"P"等。例如，％231、O343等。

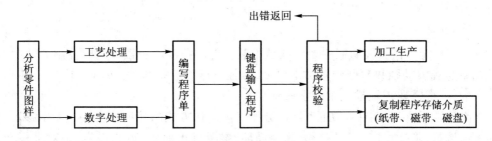

图3-4 数控程序的编制过程

程序段是程序的主体。程序段由程序段号（N后续若干数字）、程序内容、程序段结束字符构成。程序内容就由上述各种指令代码和相应坐标尺寸或规格字组成，一般的书写顺序按表3-1的格式进行书写，对其中不用的功能可不写或省略。

表3-1 程序段书写格式

程序段号	准备功能	坐标尺寸或规格字			进给功能	主轴速度	刀具功能	辅助功能	程序段结束符
N_	G××	X_ Y_ Z_ U_ V_ W_ P_ Q_ R_ A_ B_ C_ D_ E_	I_ J_ K_ R_	K_ L_ P_ H_ F_	F_	S_	T_	M××	LF

注：表中_表示数字，×表示指令代码。

例如，O1234

N10	G90				
N20	G00	X100	Y45	Z12	M03
N30	M06	T01			
N40	G01	X50	Y20	Z10	F150
N50	G02	X10	Y70	R50	
N60	G00	X0	Y0	Z0	
N70	M05				
N80	M02				

二、数控装置

数控装置是整个数控系统的核心。计算机数控装置是指应用了一个或多个计算机作为核心组件的数控装置。随着计算机技术的不断进步，控制系统也在快速发展。目前，已经形成了比较完善的控制系统,即计算机数控系统。

1. 数控装置的功能

各品牌的数控装置功能各异,在选用数控装置时,应根据使用要求选用合适的数控装置。数控装置的功能通常包括基本功能和选择功能。基本功能是装置必备的功能。选择功能供用户根据需要进行选择。

(1)基本功能

① 控制轴功能　控制轴功能主要反映数控装置能够控制的轴数和同时控制的轴数(联动轴数)。控制轴包括移动轴数和回转轴数。例如,数控车床一般是两轴联动(X 轴和 Z 轴),数控铣床和加工中心一般需要三轴或三轴以上联动。

② 准备功能　准备功能(G 功能)是指数控机床动作方式的功能。主要有基本移动、程序暂停、坐标平面选择、坐标设定、刀具补偿、固定循环、参考点返回、公英制设定、绝对坐标与相对坐标设定等指令。

③ 进给功能(F 功能)　进给功能用于指定切削进给速度。现代数控装置均采用直接指定方式。即用 F 后的数字直接指定进给速度(mm/min)。除直接指定进给速度以外,还可以用主轴每转进给量指定。另外,在螺纹加工中,F 指令用来指定螺纹导程。

④ 刀具功能(T 功能)　刀具功能用于指定加工用刀具号及刀具长度与半径补偿。不同的数控机床用法有一定差别。通常情况下,数控机床刀具功能的实现是由辅助功能指令 M06 与 T 加 2 位或 4 位数字结合来完成的。

⑤ 主轴转速功能(S 功能)　主轴转速功能用于设定主轴转速,用字母 S 和它后继的 2 ~ 4 位数字表示。为保证加工质量,该功能有两种运行方式,即恒转速和恒线速运行方式。主轴的转向用 M03、M04 指定,停止用 M05 指定。一般的数控机床的操作面板上设有主轴倍率开关,它可以在不必修改程序的前提下,在一定范围内,根据需要改变主轴的转速。

⑥ 辅助功能(M 功能)　辅助功能也称 M 功能,用字母 M 和它后继的 2 位数字表示。ISO 标准中规定了 100 条指令,并统一定义了部分 M 功能。但是,不同的数控装置的 M 功能,在具体应用中有一定的差异。

⑦ 显示功能　数控装置可通过 CRT 显示器或液晶显示器实现显示。例如,显示程序、参数、各种补偿量、坐标位置和故障信息等。

⑧ 自诊断功能　数控装置有各种诊断程序,可以防止故障的发生和扩大。在故障出现后便于迅速查明故障类型和部位,减少因故障引起的停机时间。

(2)选择功能

① 补偿功能　数控装置可以备有补偿功能。这些功能包括刀具长度补偿、刀具半径补偿、刀尖圆弧补偿、三维刀具补偿、丝杠螺距误差补偿、反向间隙所引起的加工误差补偿等。各种补偿的补偿值是在参数设定时设定在数控装置内,存放在参数存储器中。

② 固定循环功能　固定循环功能是指数控装置为常见的加工工艺所编制的、可以多次循环加工的功能。固定循环使用时,要严格按照固定循环的指令格式编制加工程序,用户要选择合适的切削用量和重复次数等参数。

③ 图形显示功能　图形显示功能一般需要高分辨率的显示器。某些数控装置可配置 14 in 彩色显示器,能显示人机对话编程菜单、零件图形、动态模拟刀具轨迹等。

④ 通信功能　数控装置通常备有 RS-232C 接口,有的还备有 RS-422 接口,设有缓冲存储器,可以实现一般的传送数据、DNC 控制等功能。

⑤ 图形编程功能　图形编程功能是指数控装置不仅可以对由 G 指令和 M 指令编制的加工程序进行处理,同时,还具备 CAD 的功能,即能够在数控装置中进行零件的图形设计,并直接处理零件的图形,将其转换成由 G 指令和 M 指令组成的加工代码,然后加工出符合要求的零件。

⑥ 人机对话编程功能　人机对话编程功能不但有助于编制复杂零件的程序,而且可以方便编程。例如蓝图编程,只要输入图样上表示几何尺寸的简单命令,就能自动生成加工程序。对话式编程可根据引导图和说明进行示教编程,并具有工序、刀具、切削条件等自动选择的智能功能。

2. 数控装置的组成

数控系统总体结构由硬件和软件组成。硬件包括数控装置、输入/输出装置、驱动装置和机床电器逻辑控制装置等。其中数控装置是数控系统的控制核心,组成它的软件和硬件控制着各种数控功能的实现。软件主要有预处理模块、插补计算模块、位置控制模块和 PLC 控制模块等。

（1）数控装置的硬件组成

数控装置的硬件结构按数控装置中的印刷电路板的插接方式可以分为大板结构和功能模块(小板)结构。图 3-5 所示为 FANUC-6M 数控系统,它属于大板结构。图 3-6 所示为某全功能数控车床采用功能模块结构的数控系统。

数控装置硬件可以分为专用型结构和个人计算机式结构。专用型结构的数控系统的硬件由各制造厂家专门设计和制造。其结构布局合理、结构紧凑、专用性强,特别适合在工厂的较差环境中工作。常见的有 FANUC 数控系统、SIEMENS 数控系统。个人计算机式结构的数控系统以工业 PC 机作为数控装置的支撑平台,再由各数控机床制造厂根据数控的需要,插入自己的控制卡,安装上数控软件,构成相应的数控装置。它具有与一般的 PC 机完全兼容、易于实现升级换代、抗干扰能力强、可在恶劣环境中工作的特点。例如,我国的华中数控系统,美国的 ANILAN 公司和 AI 公司的数控系统。

数控装置硬件按其中微处理器的个数可以分为单微处理器结构和多微处理器结构。在单微处理器结构中,只有一个微处理器,以集中控制、分时处理数控的各个任务。其他功能部件,如存储器、各种接口、位置控制器等都需要通过总线与微处理器相连。尽管有的数控系统有两个以上的微处理器,但其中只有一个微处理器能够控制系统总线,占有总线资源,而其他微处理器成为专用的智能部件,不能控制系统总线,不能访问主存储器。它们组成主从结构,故被归于单微处理器结构中。图 3-7 是单微处理器结构框图。随着数控系统功能的增加、数控机床的加工速度的提高,单微处理器数控系统已不能满足要求。因此,许多数控系统采用了多微处理器的结构。若在一个数控系统中有两个或两个以上的微处理器,每个微处理器通过数据总线或通信方式进行连接,共享系统的公用存储器与 I/O 接口,每个微处理器分担系统的一部分工作,这就是多微处理器系统。目前使用的多微处理器系统有三种不同的结构,即主从式结构、总线式多主 CPU 结构、分布式结构。

（2）数控装置的软件组成

数控装置的软件是为了实现数控系统各项功能而编制的专用软件,称为系统软件。在系统软件的控制下,数控装置对输入的加工程序自动进行处理并发出相应的控制指令。系统软件主要由管理软件和控制软件两部分组成。管理软件用来管理零件加工程序的输入、输出及 I/O 接

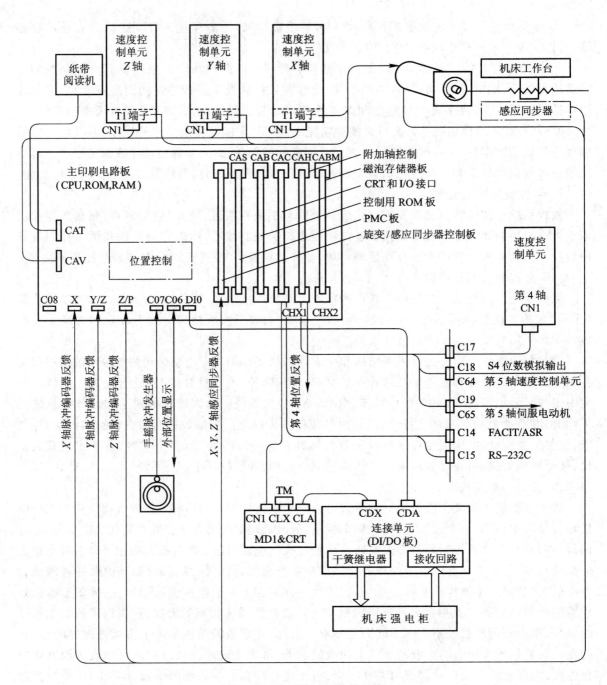

图 3-5　FANUC-6M 数控系统

口信息处理,管理各类通信外设的连接与信息传递,显示零件加工程序、刀具位置、系统参数、机床状态及报警,诊断数控装置是否正常并检查出现故障的原因。控制软件即数控机床的自动加工控制软件,它所完成的是数控系统的基本任务,也是核心任务。因此,其核心控制软件包括预处理、插补计算、位置控制和 PLC 控制等。

数控系统在同一时刻或同一时间间隔内完成两种以上性质相同或不同的工作,需要对系统软件的各功能模块实现多任务并行处理。为此,在数控软件设计中,常采用资源分时共享并行处理和资源重叠流水并行处理技术。资源分时共享并行处理适用于单微处理器系统,主要采用对CPU 的分时共享来解决多任务的并行处理。资源重叠流水并行处理适用于多微处理器系统,资源重叠流水并行处理是指在一段时间间隔内处理两个或多个任务,即时间重叠。

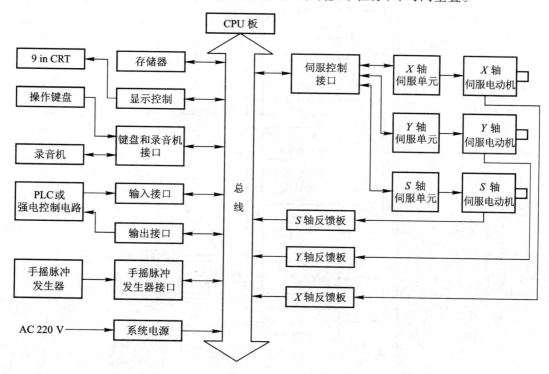

图 3-6　某全功能数控车床功能模块结构数控系统

三、伺服驱动控制系统

伺服驱动控制系统(伺服系统)的功能是执行数控装置发出的命令,带动刀具或工作台移动。伺服系统的精度、稳定性、可靠性、加工效率等方面对数控机床的整机性能有重要影响。伺服系统主要由伺服驱动控制部分和机床机械传动机构两大部分组成。伺服驱动控制部分按其反馈信号的有无,可分为开环和闭环两种控制方式。闭环伺服系统根据位置检测信号所取部位的不同,又可分为半闭环和全闭环两种。开环伺服系统只能由步进电动机驱动,它由步进电动机驱动电源和电动机组成。半闭环伺服系统采用转角位置检测装置,安装于滚珠丝杠端部,或直接与伺服电动机转子的后端相连(与伺服电动机制造成一体)。全闭环伺服系统需要采用直线位置检测装置,安装于机床导轨与工作台拖板之间。

伺服系统的驱动电动机大都是旋转电动机,目前还有另一种直线电动机进给伺服系统。它是一种完全机电一体化的直线进给伺服系统,它的应用必将使整个机床结构发生革命性的变化。所谓直线电动机,其实质是把旋转电动机沿径向剖开,然后拉直演变而成。采用直线电动机直接驱动机床工作台后,取消了原旋转电动机到工作台之间的一切机械中间环节,它把机床进给传动链的长度缩短为零。故称这种传动方式为"零传动",也称为"直接驱动(Direct Drive)"。

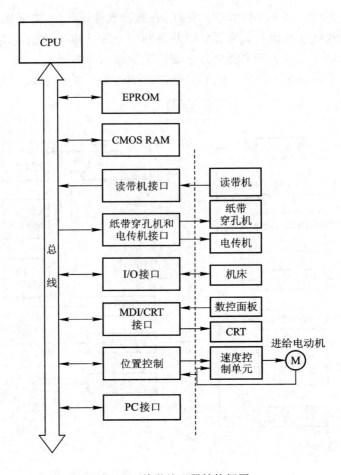

图 3-7　单微处理器结构框图

下面分别讨论步进驱动的开环伺服系统、闭环伺服系统。

1. 开环伺服系统

开环伺服系统就是没有反馈信号的伺服系统,如图 3-8 所示。开环伺服系统使用的驱动电动机是步进电动机。步进电动机是一种将脉冲信号转换成角位移(或线位移)的电磁装置。这种电动机的特点是控制电路每变换一次指令脉冲,电动机就转动一个步距角,电动机本身具有自锁能力。这种控制方式的特点是控制方便、结构简单、价格便宜、动态特性稳定。但由于没有反馈系统,所以不能消除机械传动误差,位移精度较低。

图 3-8　开环伺服系统框图

2. 闭环伺服系统

闭环伺服系统装有反馈检测装置,在实际加工中,随时检测。插补得出的指令位置与反馈的实际位置相比较,根据其差值控制电动机的转动量,进行误差修正,直到位置误差消除为止。闭环伺服系统可以采用直流或交流两种伺服电动机。按位置反馈检测元件的安装部位不同,它又可分为全闭环和半闭环两种控制方式。

(1) 全闭环伺服系统(图3-9)

全闭环伺服系统的位置反馈检测元件安装在工作台上。通过反馈可以消除从电动机到机床工作台整个机械传动链的误差,这样可以获得很高的机床静态定位精度。但这种数控机床的稳定性很难调整,调整相当复杂。因此,这种全闭环的伺服系统主要用在精度要求很高的数控坐标镗床、数控精密磨床上。

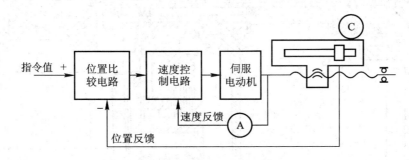

图3-9　全闭环伺服系统框图

(2) 半闭环伺服系统(图3-10)

半闭环伺服系统的位置反馈检测元件安装在伺服电动机上或安装在丝杠端部。这种控制方式中,大部分机械传动环节未包括在系统闭环环路内。因此,可以获得较稳定的控制特性。没有包括在闭环环路中的机械部分的误差可以采用软件补偿的方法适当提高精度。所以,这种方式的特点是稳定性较好,位移精度比较高,能够满足一般机械加工的要求。目前,大部分数控机床采用了半闭环的控制方式。

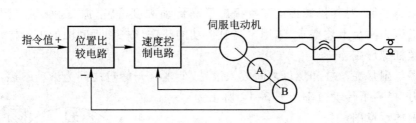

图3-10　半闭环伺服系统框图

四、机械部分

数控机床的机械部分主要包括主传动部分、进给传动部分和其他部分。

1. 主传动与主轴

数控机床的主传动是将电动机的转矩或功率传递给主轴部件,使安装在主轴上的工件或刀具实现主切削运动。数控机床的主轴具有转速高、传递转矩大等特点。所以,对于主轴部件既要求主轴转速范围较宽、能实现自动变速,同时又要有高的回转精度,并有足够的刚度和抗振性。

对于加工中心,为了实现刀具在主轴上的自动装卸与夹持,还必须有刀具的自动夹紧装置以及主轴准停装置等结构。如图 3-11 所示为加工中心 JCS-018 的主轴结构。

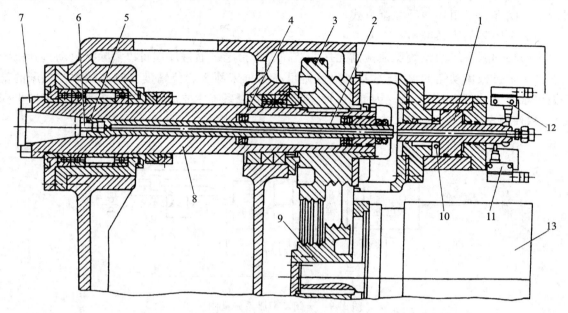

图 3-11　JCS-018 主轴结构

1—活塞；2—推杆；3、9—变速带轮；4—蝶形弹簧；5—钢球；
6—刀具夹头；7—凸键；8—主轴；10—压紧弹簧；11、12—行程开关；13—电动机

2. 进给传动部分

数控机床进给系统的机械传动机构是指将电动机的旋转运动变为工作台或刀架的运动的整个机械传动链,包括齿轮传动副、丝杠螺母副(或蜗杆蜗轮副)等。为了保证数控机床进给系统的定位精度和动态性能,对其机械传动装置提出了高传动刚度、高谐振、低摩擦、低惯量、无间隙等要求。数控机床为满足上述要求,采用了高效传动的滚珠丝杠和无间隙的齿轮传动等机构。

(1) 滚珠丝杠螺母副

滚珠丝杠螺母副是在丝杠和螺母之间放入滚珠,使丝杠与螺母之间为滚动摩擦,因而大大地减少了摩擦阻力,提高了传动效率。图 3-12 所示为滚珠丝杠螺母副的示意图。

滚珠丝杠具有传动效率高、摩擦损失小、运动平稳、无爬行、传动精度高、精度保持性好、寿命长等优点。但同时也有结构复杂、成本高、不能自锁等缺点。

滚珠丝杠螺母副必须经预紧才能正常工作。滚珠丝杠螺母副的预紧主要有单螺母预紧和双螺母预紧两种方法。双螺母预紧又分为双螺母螺纹式预紧、双螺母垫片预紧和双螺母齿差式预紧三种方法。

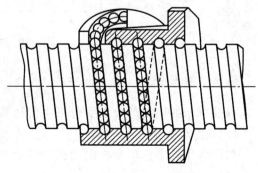

图 3-12　滚珠丝杠螺母副示意图

（2）消隙齿轮传动副

齿轮传动具有传动比准确、传动效率高和相对无滑动等优点,但也有传动精度低、增大了传动噪声等缺点。特别是在反向时的传动间隙对数控机床是不允许的。为消除反向间隙,数控机床的齿轮传动采用了无间隙齿轮传动。为达到此目的,方法有以下两种:

① 刚性调整法 刚性调整法是调整后齿侧间隙但不能自动补偿的调整法。这种调整法结构比较简单,且有较好的传动刚度。使用较多的有偏心套调整法(图3-13)、轴向垫片调整法(图3-14)。

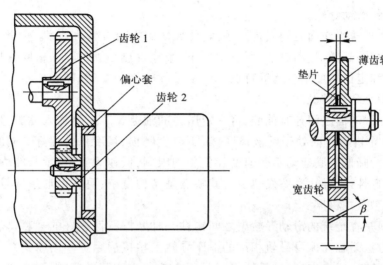

图 3-13 偏心套消隙结构   图 3-14 轴向垫片消隙结构

② 柔性调整法 柔性调整法是调整后齿侧间隙仍可自动补偿的调整法。这种调整法一般都是采用调整压力弹簧的压力来消除齿侧间隙。这种结构较复杂,轴向尺寸大,传动刚度低,同时,传动平稳性差。通常采用的结构有两种,即轴向压簧调整法(图3-15)和周向弹簧调整法(图3-16)。

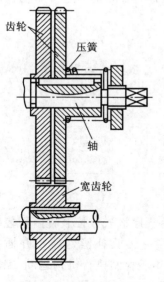

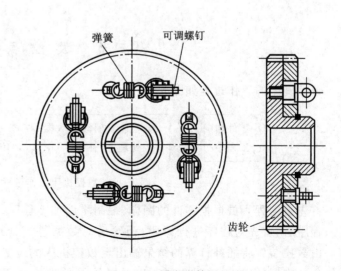

图 3-15 轴向压簧调整法   图 3-16 周向弹簧调整法

3．其他部分

数控机床除了主传动部分和进给传动部分之外，还有基础部件、导轨、自动换刀装置、交换工作台、数控回转工作台和液压系统等。

基础部件主要是指床身、立柱、滑枕、床鞍等。

导轨是数控机床的一个重要部分。机床上的运动部件都是沿着它而运动的，导轨的制造精度及其精度保持性，对数控机床加工精度有着重要的影响。所以，在导轨的设计和制造过程中，提出了导向精度、精度保持性、刚度、摩擦特性等方面的要求。目前，应用较多的导轨有滚动导轨、静压导轨和塑料滑动导轨。

滚动导轨是在导轨工作面之间安排滚动体，使导轨面之间为滚动摩擦。因此，它具有摩擦系数小、动静摩擦力相差甚微、运动灵活、所需功率小、摩擦发热小、磨损小、精度保持性好、低速运动平稳、移动精度和定位精度都较高等特点。但滚动导轨结构复杂，制造成本高，抗振性差。滚动导轨主要用于中小型数控机床。

静压导轨是在滑动面之间开有油腔，将一定压力的油通过节流器输入油腔，形成压力油膜，浮起运动部件，使导轨工作面处于纯液体摩擦，不产生磨损，精度保持性好。同时，摩擦系数极低，使驱动功率大为降低。其运动不受速度和负载的限制，低速无爬行，承载能力好，刚度好，油液有吸振作用，抗振性好，导轨摩擦发热少。其缺点是结构复杂，要有供油系统且对油的清洁度要求高，多用于重型数控机床。

塑料滑动导轨是在传统的滑动导轨副之间镶粘一种摩擦特性较好的塑料，以满足其伺服特性要求。其制造方法是在与床身导轨相配的滑座导轨上粘接静摩擦和动摩擦系数基本相同，且耐磨、吸振的塑料软带，或者在定、动导轨之间采用注塑的方法制成塑料导轨。这种塑料导轨具有良好的摩擦特性、耐磨性和吸振性，目前在数控机床上广泛使用。

数控机床自动化程度提高的重要标志是自动换刀。自动换刀是数控机床的重要功能。为实现自动换刀，需要有控制系统的控制，同时还需要有机械部分来实现控制系统的控制。在数控机床中，常见的自动换刀装置有数控车床的转塔式换刀装置和加工中心的机械手与刀库配合的换刀装置。

第三节　数　控　原　理

数控机床的工作过程如图3-17所示。

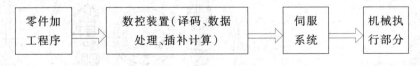

图 3-17　数控机床工作过程框图

首先由编程人员根据零件的图样，编制零件加工程序，然后将程序输入数控装置。数控装置读入程序后，首先对程序进行译码，译码后对数据进行处理（主要是刀具补偿处理），并插补计算。由数控装置将插补计算的结果输出至数控机床的位置控制，用于控制执行机构运动，完成加工任务。程序的输入、编辑和修改以及译码等处理均属于计算机技术，在数控机床的工作过程中,属于数控技术的一般认为是刀具补偿技术和插补技术。

一、刀具补偿原理

数控系统通过控制刀架的参考点实现加工轨迹,但在实际加工中,使用刀尖或刀刃完成切削任务。这样就需要在刀架参考点与刀具切削点之间进行位置补偿。从而使数控系统的控制对象由刀架参考点变换到刀尖或刀刃。这种变换过程称为刀具补偿,刀具补偿一般分为刀具长度补偿和刀具半径补偿。对于不同类型的数控机床和刀具,需要刀具补偿的类型也不一样。如图3-18所示,对于铣刀而言,主要是刀具半径补偿;对于钻头,只有刀具长度补偿;对于车刀,需要两坐标长度补偿和刀具半径补偿。刀具补偿的有关参数,如刀具半径、刀具长度、刀具中心的偏移量等首先经过测量,然后将测量结果存入数控系统参数项中的刀具补偿表中。编程员在编制零件的加工程序时,根据需要,调用不同的刀具号和补偿号来满足不同的刀补要求。

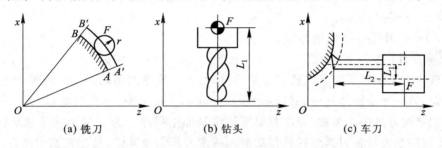

(a) 铣刀 (b) 钻头 (c) 车刀

图 3-18 刀具补偿类型

1. 刀具长度补偿

刀具长度补偿一般应用在数控车床、数控钻床、加工中心等数控机床中。图3-19所示为某数控车床刀具结构图,其中,P为理论刀尖,S为刀尖圆弧圆心。r_S为刀尖圆弧半径,F为刀架参考点。

刀具补偿的实质是实现刀尖圆弧中心轨迹与刀架参考点之间的转换,即F与S之间的转换。但在实际应用中,F与S两点之间的距离不能直接测量,而只能测得理论刀尖P与刀架参考点F之间的距离。

为计算刀具补偿,现假设刀尖圆弧半径$r_S = 0$,这样可采用刀具长度测量装置测出理论刀尖P相对刀架参考点F的坐标值X_{PF}、Z_{PF},并存入刀具参数中。

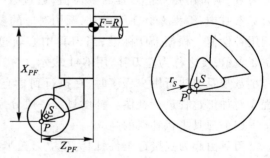

图 3-19 某数控车床刀具结构图

$$X_{PF} = X_P - X \tag{3-1a}$$

$$Z_{PF} = Z_P - Z \tag{3-1b}$$

式中:(X_P, Z_P)——理论刀尖P的坐标值;

(X, Z)——刀架参考点F的坐标值。

刀具长度补偿的计算公式为

$$X = X_P - X_{PF} \tag{3-2a}$$

$$Z = Z_P - Z_{PF} \qquad (3-2b)$$

理论刀尖 P 的坐标值 (X_P, Z_P) 实际上就是加工零件轨迹的坐标值,该坐标值在数控加工程序中获得。经过这样的补偿后,能通过控制刀架参考点 F 来实现零件轮廓轨迹。

对于 $r_s \neq 0$ 的情况,一方面,通常使用的车刀 r_s 很小,生产中可以不予考虑,尤其在调试程序及对刀过程中已经包括进去,这种情况,可以不考虑刀具长度补偿问题。另一方面,在加工中使用具有一定 r_s 的圆弧刀具时,可以采用与数控铣床类似的刀具半径补偿的方法来解决。

对于数控钻床,钻床的刀具是钻头,只有一个坐标方向需要补偿,所以其长度补偿比较简单。只要在 Z 轴方向进行长度补偿即可,根据式(3-2a)、式(3-2b)有

$$X = X_P \qquad (3-3a)$$

$$Z = Z_P - Z_{PF} \qquad (3-3b)$$

式中: (X_P, Z_P)——数控加工程序中编制的钻孔的坐标值;

$\qquad Z_{PF}$——钻头长度;

$\qquad (X, Z)$——补偿后钻头坐标值。

2. 刀具半径补偿

在数控机床上使用圆弧刀具或铣刀加工零件时,加工程序的编制可以有两种方法:一种是按零件轮廓编程,另一种是按刀具中心(圆心)编程。在实际加工中,刀具的磨损、刀具的更换是不可避免的。如果按刀具中心编程,每次都要重新编制加工程序。为了避免麻烦和从根本上解决问题,就需要数控系统具备刀具半径补偿功能。所谓刀具半径补偿,是指在使用具有一定刀具半径的刀具加工零件的过程中,要使刀具中心偏移零件轮廓一个刀具半径值。目前的数控系统一般都具备刀具半径自动补偿功能。特别是数控铣床、加工中心,刀具半径补偿功能是必备的基本功能。

刀具半径补偿的补偿值一般由数控机床调整人员根据加工需要确定。首先选择或刃磨好所需刀具,测量出每一把刀具的半径值,通过数控机床的操作面板,在 MDI 方式下,把半径值送入刀具参数中,编程人员在编程时,调用对应的参数即可获得刀具补偿。编程中使用规定的指令来调用补偿值。根据 ISO 标准,当刀具中心轨迹在程序加工前进方向的右侧时,称为右刀补,用 G42 表示;反之称为左刀补,用 G41 表示。

数控系统执行用户程序时,在执行到含有 G41 或 G42 指令的程序段时,就会启动自动补偿程序对加工过程进行补偿。补偿过程一般分为以下三个步骤完成。

(1) 刀具半径补偿的建立

刀具由起刀点接近工件,因为建立刀具半径补偿,所以本段程序执行后,刀具中心轨迹的终点不在下一段程序轮廓的起点,而是在法线方向上偏移一个刀具半径的距离。偏移的左右方向决定于 G41 或 G42,如图 3-20 所示。

(2) 刀具半径补偿的进行

刀具半径补偿建立后,刀具半径补偿的状态就一直保持到刀具半径补偿撤销。在刀具半径补偿进行期间,刀具中心轨迹始终偏离程序轨迹一个刀具半径的距离。

(3) 刀具半径补偿的撤销

当零件的轮廓加工完成后,刀具离开工件,回到起刀点。在回到起刀点的过程中,数控系统会使用用户程序中的 G40(功能:撤销刀具半径补偿)指令取消刀具半径补偿,即按编程的轨迹

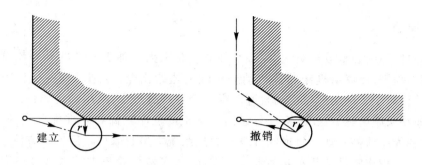

图 3-20　刀具半径补偿的建立与撤销

和上段程序末刀具中心位置,计算出运动轨迹,使刀具中心回到起刀点。

刀具半径补偿功能历经了两种补偿:B 功能刀具半径补偿和 C 功能刀具半径补偿。目前,应用广泛的是 C 功能刀具半径补偿。

① B 功能刀具半径补偿　B 功能刀具半径补偿为基本的刀具半径补偿,它仅根据本程序段程序的轮廓尺寸进行刀具半径补偿,计算刀具中心的运动轨迹。而程序段之间的连接则需要编程人员在编程时进行处理。即在零件的外拐角处必须人为编制出附加圆弧加工程序段,才能实现尖角过渡,这种方法会使刀具在拐角处停顿,工艺性差。

② C 功能刀具半径补偿　B 功能刀具半径补偿在实现过程中,一般采用读一段、计算一段、再走一段的数据流控制方式,根本无法考虑到两个轮廓之间刀具中心轨迹的转换问题,为了解决 B 功能刀具半径补偿功能的缺陷,在数控系统中开发 C 功能刀具半径补偿功能。

一般地,数控系统中能控制加工的轨迹只有直线和圆弧,前后两段编程轨迹间共有四种连接形式,即直线与直线连接、直线与圆弧连接、圆弧与直线连接、圆弧与圆弧连接。根据两段程序轨迹交角处在工件侧的角度 α(称为转接角)的不同,直线过渡的刀具半径补偿分为以下三类转接过渡方式:

$180° \leqslant \alpha < 360°$,缩短型;$90° \leqslant \alpha < 180°$,伸长型;$0° \leqslant \alpha < 90°$,插入型。$\alpha$ 的变化范围为 $0° \leqslant \alpha < 360°$,$\alpha$ 角的规定为两个相邻轮廓段(直线或圆弧)交点处在工件侧的夹角,如图 3-21 所示。图 3-21 中所示为直线与直线连接的情况,而当轮廓段为圆弧时,只要用其在交点处的切线作为角度定义的对应直线即可。

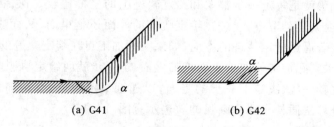

(a) G41　　　　　　　　(b) G42

图 3-21　转接角定义示意图

如上所述,刀具半径补偿在运行过程中分三个步骤进行,即刀具半径补偿的建立,刀具半径补偿进行,刀具半径补偿的撤销。在这样三个步骤中,刀具半径补偿的情况也各有区别。根据转接角的不同类型,可选用不同的计算公式,从而计算出刀具中心轨迹。

二、插补原理

数控机床的控制核心是数控系统,其核心任务就是根据被加工零件的外形轮廓尺寸以及精度要求编制加工程序,计算出机床的各运动坐标轴的进给指令,分别驱动各坐标轴产生协调运动,以获得刀具相对于工件的理想运动轨迹。在这个处理过程中,采用的是插补方法。在计算机数控系统中,插补采用两种方法实现:一种是由计算机的程序软件和硬件配合实现;另一种是全部采用计算机的程序软件实现。目前的计算机数控系统大多数采用了后一种方法。

直线和圆弧是构成零件的基本几何要素。因此,大多数计算机数控系统都具有直线和圆弧插补功能。而椭圆、抛物线、螺旋线等复杂曲线的插补,只在某些高档的数控系统或特殊需要的系统中才具备。

数控加工程序中,一般都要提供直线、圆弧的起点和终点坐标、圆弧走向(顺圆/逆圆)、圆心相对于起点的偏移量或圆弧半径等。另外,还要根据机床参数和工艺要求给出刀具长度、刀具半径和主轴转速、进给速度等。插补的任务就是根据进给速度的要求,计算出每一段零件轮廓起点与终点之间所插入中间点的坐标值。

插补的速度直接影响数控系统的速度,而插补的精度又直接影响整个数控系统的精度,随着相关学科特别是计算机领域的迅速发展,插补算法也不断地进行自我完善和更新。目前应用较多的主要是基准脉冲插补算法和数据采样插补算法。

1. 基准脉冲插补算法

基准脉冲插补算法就是通过向各个运动轴分配脉冲,控制数控机床坐标轴作相互协调的运动,从而加工出一定形状零件轮廓的算法。这类插补算法的特点是每次插补的结果仅产生一个行程增量,以一个个脉冲的方式输出给步进电动机。故这种插补算法称为脉冲增量插补,而每个单位脉冲对应坐标轴的位移量称为脉冲当量,一般用 δ 表示,它决定了数控机床的加工精度。对于普通数控机床,脉冲当量一般取 $\delta = 0.01$ mm,较精密的数控机床一般取 $\delta = 0.005$ mm、0.0025 mm、0.001 mm 等。

由于脉冲增量插补算法简单、容易实现,所以在一些简易型数控机床的控制系统中应用较多。但是这种插补算法精度较低,在精度要求较高的数控机床中不能采用这种算法。目前应用较多的脉冲增量插补算法有逐点比较插补算法和数字积分插补算法。

逐点比较插补算法就是每走一步都要和给定轨迹上的坐标比较一次,看实际加工点在给定轨迹的什么位置,是上方还是下方,或是在给定轨迹的外面还是里面,从而决定下一步的进给方向。走步方向总是向着逼近给定轨迹的方向,如果实际加工点在给定轨迹的上方,下一步就向给定轨迹的下方走;如果实际加工点在给定轨迹的里面,下一步就向给定轨迹的外面走。如此每走一步,算一次偏差,比较一次,决定下一步的走向,以逼近给定轨迹,直至加工结束。图 3-22 所示是用逐点比较插补算法插补直线和圆弧的轨迹示意图。

2. 数据采样插补算法

数据采样插补算法又称时间分割法插补,也就是根据编程进给速度将零件轮廓曲线按插补周期分割为一系列微小直线段,然后,将这些微小直线段对应的位置增量数据进行输出,用以控制伺服系统实现坐标轴的进给。从此可以看出,数据采样插补算法的插补结果是一个位移量,而不是脉冲。所以,这类插补算法适用于以直流或交流伺服电动机为执行元件的闭环或半闭环数

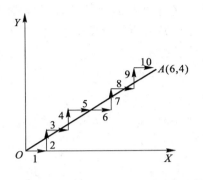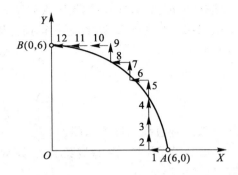

图 3-22 用逐点比较插补算法插补直线和圆弧轨迹示意图

控系统中。在采用了数据采样插补算法的数控系统中,每调用一次插补程序,就计算出坐标轴在每个插补周期中的位置增量,然后求出坐标轴相应的位置给定值,再与采样所获得的实际位置反馈值相比较,从而获得位置跟踪误差。位置伺服软件根据当前的位置误差计算出进给坐标轴的速度给定值,并将其输出给驱动装置,最后,通过电动机带动丝杠和工作台朝着减少误差的方向运动,以保证整个系统的加工精度。

(1)数据采样插补算法的基本原理

数据采样插补算法是根据用户程序(即零件加工程序)中的进给速度 F 值,将要加工的轮廓曲线分割为每一插补周期 T 的进给段即轮廓步长 ΔL。

$$\Delta L = FT \qquad\qquad (3-4)$$

然后根据轮廓步长 ΔL,计算出该步长在各坐标轴上的进给量 ΔX、ΔY、ΔZ 等,作为下一个周期各坐标轴的进给量的指令值。由于数据采样插补用采样周期 T 即时间来分割曲线,所以数据采样插补又称为时间分割法。数据采样插补算法的核心是计算出每一个插补周期的各坐标轴瞬时进给量。

对于直线插补,用插补计算出的轮廓步长线段逼近给定直线,计算线段与给定线段重合。在圆弧插补时,采用圆弧的切线、弦线或割线来逼近圆弧。

(2)插补周期与采样周期

插补周期是两个相邻微小直线段之间的插补时间间隔。采样周期是数控系统伺服位置环的采样控制周期。采样周期必须小于或等于插补周期。为了便于编程处理,采样周期与插补周期不相等时,插补周期应该是采样周期的整数倍。对于给定的某个数控系统而言,插补周期和采样周期是两个固定不变的时间参数。插补周期对系统稳定性没有影响,但对被加工零件的轮廓轨迹精度有影响;而采样周期对系统稳定性和轮廓误差均有影响。因此,选择插补周期时,主要从插补精度方面考虑;而选择采样周期时,则从伺服系统稳定性和动态跟踪误差两方面考虑。

采用数据采样插补算法的数控系统,目前一般插补周期选为 4~20 ms。插补周期越长,插补运算误差越大。但插补周期也不能太短,这是由于插补周期的缩短将受到 CPU 运行速度的限制。对于采样周期,目前的选用方法有两种:一种是采样周期等于插补周期。另一种是插补周期是采样周期的整数倍(通常选为 2 倍)。

(3)数据采样插补算法直线插补

现假设刀具在 XOY 平面内加工直线 OE,起点为 $O(0,0)$,终点为 $E(X_E,Y_E)$,动点 $N_{i-1}(X_{i-1},$

Y_{i-1}），合成进给速度为F，插补周期为T，如图3-23所示。在一个插补周期内，进给直线长度ΔL $=FT$，根据图3-23中几何关系，即可求得插补周期内各坐标轴对应的位置增量为

$$\Delta X_i = \frac{\Delta L}{L}X_E = KX_E \qquad (3-5a)$$

$$\Delta Y_i = \frac{\Delta L}{L}Y_E = KY_E \qquad (3-5b)$$

式中：L——被插补直线长度$L = \sqrt{X_E^2 + Y_E^2}$。

K——每个插补周期内的进给速率数$K = \Delta L/L = FT/L$。

从而可求出下一个动点N_i的坐标值为

$$X_i = X_{i-1} + \Delta X_i = X_{i-1} + \frac{\Delta L}{L}X_E \qquad (3-6a)$$

$$Y_i = Y_{i-1} + \Delta Y_i = Y_{i-1} + \frac{\Delta L}{L}Y_E \qquad (3-6b)$$

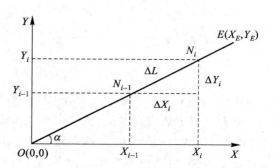

图3-23　数据采样算法直线插补

（4）数据采样插补算法圆弧插补

数据采样插补算法圆弧插补是根据加工指令中的进给速度F，计算出轮廓步长，即单位时间（插补周期）内的进给量ΔL。然后以轮廓步长作为圆弧上相邻两个插补点之间的弦长，由前一个插补点的坐标和圆弧半径，计算由前一个插补点到后一个插补点两个坐标轴间的进给量。然后用这两个进给量与实际测量值比较后的值，驱动各坐标轴的电动机，实现切削运动。

第四节　步进电动机的驱动

步进电动机是将电脉冲信号转换成相应角位移或线位移的控制电动机。其转子的转角（或位移）与输入的电脉冲数成正比，速度与脉冲频率成正比，而运动方向由步进电动机的各相通电顺序来决定，保持电动机各相通电状态就能使电动机自锁。

步进电动机具有控制简单、运行可靠、惯性小等优点。其缺点是调速范围小、升降速响应慢、矩频特性软、输出力矩受限制等。步进电动机一般只能用在开环伺服系统中。

一、步进电动机简介

1. 工作原理

步进电动机有多种类型，图3-24所示为三相反应式步进电动机结构示意图。图中电动机的定子上有6个磁极，分为A、B、C三对，在对应的磁极上分别绕有A、B、C三相控制绕组。当某相绕组通电励磁时，所产生的磁场会使磁路磁阻减少，转子将受到磁阻转矩作用，使得转子的齿与该相定子磁极上的齿对齐。如果依次对A、B、C三相绕组通电，

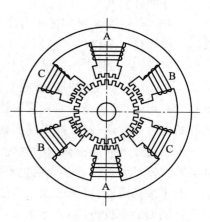

图3-24　三相反应式步进电动机结构示意图

70

则 A、B、C 三对磁极就依次产生磁场吸引转子转动。步进电动机的三相绕组通电时可以有不同的通电方式。

三相单三拍:A→B→C→A

三相双三拍:AB→BC→CA→AB

三相六拍:A→AB→B→BC→C→CA→A

输入一个脉冲信号转子转过的角度称为步距角,一般用 θ 表示。即不同的通电方式步距角 θ 也不相同。为提高分辨率,一般都采用三相六拍通电方式。

2. 分类

步进电动机种类繁多,其分类方式也很多。按其运动方式可分为旋转运动式、直线运动式、平面运动式和滚切运动式;按其力矩产生的原理可分为反应式、永磁式、永磁感应式(混合式);按其输出力矩大小可分为伺服式和功率式;按其相数可分为二相、三相、四相、五相、六相等;按其使用频率可分为高频和低频等。

① 反应式步进电动机 反应式步进电动机制造简单,价格便宜,在我国的应用相当广泛,主要型号有 110BF02、110BF03、130BF5、150BF5、160BF5 等。

反应式步进电动机具有如下的特点:控制十分方便;气隙小;步距角小;励磁电流大;电动机内部阻尼较小;当相数较少时,单步运行振荡时间较长,带惯性负载能力差,尤其在高频时容易失步;断电后无定位转矩。

② 永磁式步进电动机 永磁式步进电动机的转子或定子的某一方具有永久磁钢,另一方用软磁材料制成。永磁式步进电动机的显著特点如下:步距角大、控制功率小、效率高、内阻尼较大、单步振荡时间短、断电后有一定的定位转矩。

③ 永磁反应式步进电动机(混合式步进电动机) 永磁反应式步进电动机是反应式步进电动机和永磁式步进电动机两者的结合。但是,永磁反应式步进电动机的结构不同,其作用原理与性能和永磁式、反应式步进电动机有着明显的区别。永磁反应式步进电动机主要具有如下特点:控制功率小、效率高、齿距角小、运行频率高、输出同样的转矩时外径相对较小、断电后具有一定的锁定力矩、永磁易失磁。

从上述三种步进电动机的性能和特点上看,永磁反应式步进电动机综合了反应式步进电动机和永磁式步进电动机两者的优点,更适合应用于数控系统中。

二、步进电动机的控制

根据步进电动机的工作原理,要使电动机正常的一步一步地运行,控制脉冲必须按照一定的顺序分别供给电动机各相。例如,三相单三拍驱动方式,供给脉冲的顺序为 A→B→C→A 或 A→C→B→A,这种脉冲供给形式称为环形脉冲分配。目前,环形脉冲分配有两种方式:一种是硬件脉冲分配(或称为脉冲分配器),另一种是软件脉冲分配,是由计算机的软件完成的。

1. 硬件脉冲分配

硬件脉冲分配的电路由门电路及逻辑电路构成,提供符合步进电动机控制指令所需的顺序脉冲。目前已经有很多可靠性高、尺寸小、使用方便的集成电路脉冲分配器供选择。按其结构不同,可分为 TTL 集成电路和 CMOS 集成电路。

目前市场上提供的国产 TTL 脉冲分配器有三相(YBO13)、四相(YBO14)、五相(YBO15)等,均为 18 个管脚的直插式封装。CMOS 脉冲分配器也有不同型号,例如,CH250 型用来驱动三相步进电动机,封装形式为 16 脚直插式。

2. 软件脉冲分配

计算机控制的步进电动机驱动系统,可以采用软件实现环形脉冲分配。图 3-25 所示为一个 8031 单片机与步进电动机驱动电路的接口连接框图。P1 口的三个管脚经过光耦合器、功率放大器之后,分别与电动机的 A、B、C 三相连接。当采用三相六拍方式时,电动机正转的通电顺序为 A→AB→B→BC→C→CA→A;电动机反转的顺序为 A→AC→C→CB→B→BA→A。

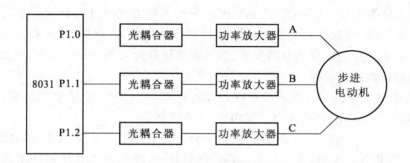

图 3-25 计算机控制的步进电动机驱动电路图

采用软件进行脉冲分配虽然增加了软件编程的复杂程度,但它省去了硬件环形脉冲分配器,减少了器件,降低了成本,也提高了系统的可靠性。

3. 速度控制

对于任何一个驱动系统来讲,都要求能够对速度进行控制。在开环进给系统中,对速度的控制就是对步进电动机速度的控制。

根据步进电动机的工作原理,通过控制步进电动机相邻两种励磁状态之间的时间间隔即可实现步进电动机速度的控制。例如,电动机正转时,只要控制相邻两次软件环形分配输出状态之间的时间间隔,即控制循环中延时时间的长短,即可控制步进电动机的速度。电动机的控制顺序为 A→延时→AB→延时→B→延时→BC→延时→C→延时→CA→延时→A。

4. 自动升降速控制

在数控机床加工过程中,由于进给状态的变化,要求步进电动机能够实现起动、停止或改变运行速度,这也就要求步进电动机的脉冲频率作相应的变化。但为了防止电动机在变速过程中出现过冲或失步现象,则要求步进电动机每次频率变化量小于其突跳频率值。也就是说,当步进电动机速度变化较大时,必须按一定规律完成一个升速或降速的过程。实现的方法是:只要按一定规律改变延时子程序中延时常数的大小或定时器中定时常数的大小即可完成步进电动机速度的改变。在具体实现时,可按直线规律或指数规律进行加减速控制。

第五节 FANUC 0 数控系统的使用与维护

数控系统是数控机床的控制核心。因此,正确使用数控系统和对数控系统进行维护是十分重要的。目前我国使用的数控系统主要分为进口和国产两大类。进口的数控系统以日本的

FANUC 系统和德国的 SIEMENS 系统为多。国产的数控系统种类非常多,但生产能力和市场占有率较低。国产的数控系统主要有武汉华中数控股份有限公司生产的华中系列数控系统等。

一、FANUC 数控系统简介

FANUC 数控系统有很多系列,每一系列又有不同的型号。较早在我国使用的 FANUC 数控系统主要是 FANUC 3 和 FANUC 6 数控系统,目前已经很少使用。目前我国用户主要使用的有 FANUC 0 系列、FANUC 15、FANUC 16、FANUC 18、FANUC 21/210 等系列。其中,使用最多的是 FANUC 0 系列数控系统。FANUC 0 系列数控系统有 FANUC 0-A、FANUC 0-B、FANUC 0-C、FANUC 0-D、FANUC 0-F 等系统。

二、FANUC 0 数控系统的使用

1. FANUC 0 数控系统的面板

图 3-26a、b 分别为 FANUC 0 数控系统的 CRT/MD 和功能键示意图。各功能键的作用如下:

① POS 键　显示现在位置,在 CRT 上显示当前坐标值。

② PROGRAM 键　在编辑(EDIT)方式时,进行存储器的编辑、显示;在手动数据输入(MDI)方式时,进行 MDI 数据输入、显示;在自动(AUTO)方式时,进行程序和指令值的显示。

③ MENU/OFSET 键　设定与显示坐标系、补偿量及变量,包括 G54、G55 等工件坐标系、刀具补偿量和 R 变量的设定。

④ DGNOS/PARAM 键　显示参数设定及诊断资料。

⑤ OPR/ALARM 键　CRT 操作面板显示和报警显示。在 OPR 软键功能下,通过 CRT 上 ON 和 OFF 的选择,进行机床操作面板的软操作,包括机床锁定(M/C　LOCK)、直接输入模式(DNC MODE)、记忆保护(MEMO　KEY)、辅助功能锁定(AUX　LOCK)、程序再启动(PRO　RESET)和手动绝对值(MAN　ABS)。

⑥ AUX/GRAPH 键　画图功能。

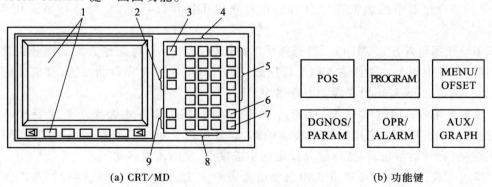

(a) CRT/MD　　　　　　　　　　　　　　(b) 功能键

图 3-26　FANUC 0 数控系统操作面板

1—带软键的 CRT 显示器;2—光标移动键(CURSOR);3—复位键(RESET);4—地址/数字键;

5—编辑键;6—输入键(INPUT);7—启动键(START);8—功能键;9—翻页键(PAGE)

2．FANUC 0 的机床操作面板

FANUC 0 数控系统用在不同的数控机床上,配置的机床操作面板的功能及开关的排序不尽相同。图 3-27 所示是 FANUC 0 数控系统的数控铣床的操作面板。

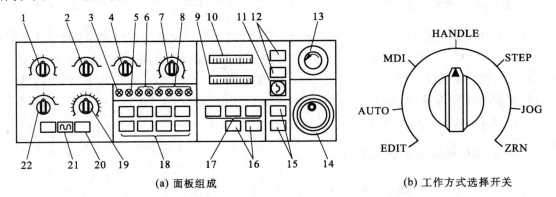

(a) 面板组成　　　　　　　　　　　　(b) 工作方式选择开关

图 3-27　FANUC 0 数控系统的数控铣床的操作面板

1—工作方式选择开关;2—坐标轴选择开关;3—电源指示灯;4—步进及手轮进给量选择开关;5—报警指示灯;
6—机床状态指示灯;7—主轴转速倍率开关;8—回参考点指示灯;9—主轴负载表;10—主轴转速表;
11—程序保护钥匙开关;12—CNC 启动/停止按钮;13—急停按钮;14—手轮(手摇脉冲发生器);
15—循环启动/进给保持按钮;16—冷却液开/关按钮;17—主轴正转/反转/停止按钮;18—功能开关;
19—进给速度倍率开关;20—方向进给按钮;21—快速进给按钮;22—快速进给速度倍率开关

（1）工作方式选择

① 编辑方式(EDIT)　当选择编辑方式时,将工作方式选择开关置于 EDIT 位置。通过系统操作面板上的编辑键,对程序进行输入及编辑修改。

② 自动运行方式(AUTO)　当选择自动运行方式时,将工作方式选择开关置于 AUTO 位置。按循环启动按钮,则程序自动运行。当运行到 M00、M01、M02 和 M30 时,自动运行停止。在程序自动运行时,若按进给保持按钮,则运行暂时停止,再按循环启动按钮,则程序继续运行。由于自动运行是处理存储器中的加工程序,因此,在有些机床操作面板上,自动运行方式用 MEM 来表示。

③ 手动数据输入方式(MDI)　当选择手动数据输入方式时,将工作方式选择开关置于 MDI 位置。通过系统面板上的键盘输入一个程序段,按 START 键或循环启动按钮,则机床执行该程序段。运行结束后,该程序段在缓冲寄存器中消除。

④ 手轮进给方式(HANDLE)　当选择手轮进给时,将工作方式选择开关置于 HANDLE 位置。同时通过轴选择开关选择手轮要移动的轴,通过步进及手轮进给量倍率开关选择移动量。顺时针或逆时针转动手轮,则坐标轴以设定的步进量正、反向连续移动。

⑤ 步进方式(STEP)　步进方式相当于增量进给方式。当选择步进进给时,将工作方式选择开关置于 STEP 位置。通过轴选择开关选择好要移动的轴,按一次方向进给按钮,则坐标轴正方向或反方向移动一个步进量。步进量的数值可通过步进及手轮进给量倍率开关来调整,1、100、1 000 和 10 000 的步进量分别为 0.001 mm、0.01 mm、0.1 mm、1 mm。

⑥ 手动连续进给方式(JOG)　当选择手动连续进给时,将工作方式选择开关置于 JOG 位

74

置。通过轴选择开关选择好要移动的轴,按方向进给键,轴便正、反方向连续移动,移动的速度通过进给速度倍率开关来调整。若按方向进给键的同时按快速进给按钮,则轴快速移动,移动的速度通过快速进给速度倍率开关来调整。

⑦ 回参考点方式(ZRN) 当选择回参考点方式时,将工作方式选择开关置于 ZRN 位置。选择要回参考点的坐标轴,按正方向进给按钮(通常情况下,坐标轴均向正方向回参考点),轴便向参考点方向移动。到达参考点后,对应轴的回参考点结束灯亮,同时 CRT 显示参考点的坐标值。当每个轴的回参考点操作完成后,机床坐标系建立。将工作方式选择开关置于 JOG 位置,选择好坐标轴,按反方向运行按钮,使轴脱离参考点,机床进入正常工作状态。

(2)机床功能开关

① Z 轴锁定(Z AXIS LOCK) 选择该功能后,在执行含有 Z 坐标的程序时,机床 Z 轴不移动,但 CRT 显示 Z 轴坐标值。该功能常用于轮廓加工前,模拟 X–Y 平面轮廓。

② 程序试运行(DRY RUN) 选择该功能后,程序运行时机床坐标轴不移动,进给指令 F 和快速进给无效。该功能常用于新编程序的校验。

③ 单步执行(SINGLE BLOCK) 选择该功能后,每按一次循环启动(CYCLE START)按钮,即执行一个程序段。该功能常用于零件的试加工。

④ 程序段跳步(BLOCK SKIP) 选择该功能后,当程序执行到有"/"符号的程序段时("/"符号在程序段前),跳过该程序段而执行下一程序段。该功能可使相似零件合用一个程序,使加工程序具有通用性。

⑤ 选择性停止(OPTION STOP) 选择该功能后,当程序执行到 M01 指令时,程序停止。该功能可在加工途中对零件进行校验。

三、FANUC 0 数控系统的维护

数控机床的关键部件就是数控系统,数控机床的故障大多数是由于数控系统的故障引起的。因此,维护和维修好数控系统就成为数控机床维护和维修的关键。

1. 数控系统的日常维护

数控系统经过较长时间的使用,会引起电子元器件性能老化甚至损坏,有些机械部件,如纸带阅读机更是如此。为了尽量地延长元器件的寿命和零部件的磨损周期,防止各种故障,特别是恶性事故的发生,就必须对数控系统进行日常的维护。具体的日常维护保养要求,在有关数控系统的使用、维修说明书中都有明确的规定。概括起来,要注意以下几个方面:

① 制订数控系统的日常维护的规章制度,根据各种部件的特点,确定各自的保养条例。

② 应尽量少开数控柜和强电柜的门。

③ 定时清扫数控柜的散热通风系统。

④ 要定期维护数控系统的输入/输出设备。FANUC 公司在 20 世纪 80 年代生产的绝大多数控系统带有光电式纸带阅读机,必须定期对该纸带机进行维护。

⑤ 定期监视数控系统用的电网电压。FANUC 公司生产的数控系统允许电网电压在额定电压的 85% ~110% 的范围内波动。如果超出此范围,系统将不能正常工作,甚至引起数控系统内部电子部件损坏。

⑥ 定期检查和更换直流电动机的电刷。

⑦ 定期更换存储器中的电池。一般情况下，即使电池尚未失效，也应每年更换一次。一定要注意，电池更换应在数控系统供电状态下进行。

⑧ 数控系统长期不用时，要定期给数控系统通电。

⑨ 对所购备板应定期装在数控系统中通电运行一段时间，以防损坏。

⑩ 做好维修前的准备工作。

2. 数控系统的使用检查

（1）数控系统通电前的检查

为了能使数控系统正常工作，在数控机床第一次安装调试或搬运后第一次通电运行之前，建议按下述顺序对数控系统作检查。

① 确认交流电源的规格是否符合数控系统的规定要求。

② 认真检查数控装置与外界的连接电缆是否按随机提供的连接手册的要求，正确而可靠地连接。

③ 检查数控装置内的各个印刷电路板是否牢固，各个插头有无松动。

④ 确认数控装置内各个印刷电路板上的硬件设定是否符合要求。

（2）数控系统通电后的检查

数控系统通电后，还需要对它作进一步的检查，以下几点是必须确认的。这对第一次通电运行的数控系统尤为必要。

① 首先确认数控系统柜中各个风扇是否运转正常。

② 确认各个印刷电路板或模块上的直流电源是否正常，各种电压是否都在允许波动的范围之内。

③ 确认数控系统的各种参数，包括系统参数、PLC 参数、伺服装置的数字设定等应符合随机所带的说明书的要求。

④ 当数控系统与机床一起联机通电时，应在接通电源的同时，做好按压急停开关的准备，以便出现紧急情况时随时切断电源。

⑤ 用手动进给低速移动各个轴，观察机床移动方向的显示是否正确。然后让各轴碰到各个方向的超程开关，检查超程限位是否有效。

⑥ 进行几次机床返回基准点的操作。

⑦ 进行数控系统功能测试。

3. 数控系统的故障诊断

任何一种数控系统，即使采用了最好的设计、最新的电子器件，应用了最新的科技成果，也还有可能发生系统初期失效故障、长期运行过程中偶尔故障以及各个部件老化以至损坏等一系列故障。故障诊断的目的，一方面是预防故障发生，另一方面是一旦发生故障能及早地发现故障起因，迅速采取修复措施。

FANUC 公司在生产的各种数控系统中应用的自诊断方法归纳起来大致可分为以下三大类。

① 启动诊断　所谓启动诊断是指数控系统每次从通电开始直到进入正常的运行准备状态为止的一段时间内，系统内部诊断程序自动执行的诊断，也即类似于微机的开机诊断。

② 在线诊断　在线诊断是指通过数控系统的内部程序，在系统处于正常运行状态时，对数控系统本身以及与数控装置相连的各个伺服单元、伺服电动机、主轴伺服单元和主轴电动机以及

外部设备等始终进行自动诊断、检查和监视。只要系统不停电,在线诊断就不会停止。

③ 离线诊断 离线诊断或称脱线诊断,是指当数控系统出现故障或要判断系统是否确有故障时,将数控系统与机床脱离作检查,以便对故障作进一步定位,力求把故障定位在尽可能小的范围之内。

习 题 三

1. 什么是数控? 什么是数控机床?
2. 数控机床的发展趋势怎样?
3. 数控机床由哪几部分组成? 各部分功能如何?
4. 数控机床的坐标系是怎样定义的?
5. 数控编程指令有几种? 分别是什么?
6. 编制数控加工程序有几种方法? 各是什么?
7. 数控装置有何功能?
8. 数控装置的结构是怎样的? 其硬件有哪些? 软件有哪些?
9. 数控机床的伺服系统功能是什么? 伺服系统有几类? 有何区别?
10. 数控机床的机械部分主要有几部分?
11. 加工中心的主轴有哪些功能?
12. 滚珠丝杠有何特点? 其结构分为几种?
13. 数控机床用齿轮传动有何特点?
14. 试叙述数控机床控制的原理。
15. 刀具补偿有几种?
16. 插补原理有几种? 各应用在什么类型的数控机床上?
17. 怎样才能控制步进电动机?
18. FANUC 0 数控系统的操作面板能实现哪些功能?
19. 数控系统在维护方面要注意哪些问题?

第四章　气压传动控制技术

气压传动技术(简称气动技术)是近年来兴起的一门综合技术,已在工业领域各行业普遍应用,并且越来越受到重视,它包含传动技术和控制技术两方面的内容。本章主要介绍控制技术。

第一节　气动技术概况

气动技术利用压缩空气作为工作介质传递动力或信号,配合气动元件,与机械、液压、电气、电子(包含 PLC 控制器和微型计算机)等构成控制回路,使气动元件按生产工艺要求设定的顺序或条件动作,以实现生产自动化。用气动技术实现生产过程自动化,是工业生产的一种重要的、低成本的技术手段。

一、气动技术的现状和应用

随着工业机械化和自动化的发展,气动技术越来越广泛地应用于各个领域。例如,汽车制造业、气动机器人、医用研磨机、焊接自动化、家用充气筒、喷漆气泵等,特别是成本低廉、结构简单的气动自动装置已得到了广泛的普及与应用,在工业企业自动化中处于重要的地位。

实现自动化和自动控制有各种方式,其中包括气动和电气、电子一体化的气电装置,液压与电气、电子组合的液电装置,机械和电气、电子组合的机电装置等,都是侧重用它们各自的优点,组成最合适的控制方式。由于气动技术以空气为介质,它具有防火、防爆、防电磁干扰、不受放射线及噪声的影响,且对振动及冲击也不敏感、结构简单、工作可靠、成本低、寿命长等优点,所以,近年来气动技术得到迅速发展及普遍应用。

① 汽车制造业　包括汽车自动化生产线、车体部件的自动搬运与固定、自动焊接等。

② 半导体电子及家电行业　例如,用于硅片的搬运、元器件的插入及锡焊、家用电器的组装等。

③ 加工制造业　包括机械加工生产线上工件的装夹及搬送,冷却、润滑液的控制,铸造生产线上的造型、捣固、合箱等。

④ 包装业　包括各种半自动或全自动包装生产线,例如,聚乙烯、化肥、酒类、油类、煤气罐装、各类食品的包装等。

⑤ 机器人　例如,装配机器人、喷漆机器人、搬运机器人以及爬墙、焊接机器人等。

⑥ 其他　例如,车辆的刹车装置,车门开闭装置,颗粒状物质的筛选,鱼雷、导弹的自动控制装置等。

二、气压传动系统的组成

一个完整的气压传动系统由气压发生器、控制元件、执行元件、控制器、检测装置和辅助元件组成,其组成框图如图 4-1 所示。

图 4-1　气压传动系统框图

1. 气压发生器

气压发生器即能源元件,它是获得压缩空气的装置,其主体部分是空气压缩机,它将原动机供给的机械能转换成气体的压力能。

2. 控制元件

控制元件用来调节和控制压缩空气的压力、流量和流动方向,以便使执行机构按要求的程序和性能工作。控制元件分为压力控制阀、流量控制阀和方向控制阀。

3. 执行元件

气动执行元件是以压缩空气为工作介质、将气体能量转换成机械能的能量转换装置。执行元件分为实现直线运动的气动缸、在一定角度范围内摆动的摆动马达和实现回转运动的气动马达三大类。

4. 辅助元件

辅助元件用于辅助保证气动系统正常工作,主要有净化压缩空气的净化器、过滤器、干燥器、分水滤气器等,有供给系统润滑的油雾器,有消除噪声的消声器,有提供系统冷却的冷却器,还有连接元件的管件和所必需的仪器、仪表等。

5. 检测装置

检测装置用来检测气缸的运动位置,判断工件有无、工件的性质等,将信号提供给控制器,以实现对系统的控制。

6. 控制器

控制器用来对检测装置提供的信号进行逻辑运算,将信号提供给执行元件(如电磁阀等),以控制系统按照预定的要求有序工作。

三、气压传动的特点

1. 气压传动的优点

气压传动能够得到迅速发展和广泛应用是由于它具有以下优点:

① 用空气作为传动介质,来源方便,取之不尽,用后直接排入大气而不污染环境,且不需回气管路,故气动系统管路较简单。

② 与液压传动相比,气压传动反应快,动作迅速,一般只需 0.02 ~ 0.03 s 就可以达到需要的压力和速度。因此,它特别易于实现系统的自动控制。

③ 空气的黏度较小(约为油黏度的万分之一),在管道中流动时压力损失小,所以节能、高效。它适用于集中供气和远距离送气。

④ 空气的性质受温度的影响小,高温下不会发生燃烧和爆炸,使用安全,所以对工作环境的

适应性好。特别是在易燃、易爆、高尘埃、强磁、辐射及振动等恶劣环境中,气压传动比液压、电气及电子控制都优越。

⑤ 由于工作压力较低(一般为 0.4~0.8 MPa),降低了气动元件对材质和精度的要求,使气动元件结构简单、成本低、寿命长。

⑥ 由于气体的可压缩性,便于实现系统的过载保护。

⑦ 介质清洁,管道不易堵塞,不存在介质变质及介质的补充和更换问题。元件使用方便,维护简单。

2. 气压传动的缺点

与其他传动形式相比,气压传动的缺点是:

① 由于空气的可压缩性大,所以气动系统的动作稳定性差,负载变化时对工作速度的影响较大。

② 由于工作压力低,且结构尺寸不宜过大,所以气动系统不易获得较大的输出力和力矩。因此,气压传动系统不适于重载系统。

③ 气动装置中的信号传递速度比光、电信号慢,故不宜用于信号传递速度要求十分高的复杂线路中。

④ 气动系统有较大的排气噪声。

⑤ 因空气无润滑性能,故在气路中应设置给油润滑装置。

⑥ 气压系统有泄漏,有一定的能量损失。一定的外泄漏也是允许的,但应尽可能减少泄漏。

四、气动技术的发展趋势

1. 功能不断增强,体积不断缩小

小型化气动部件,如气缸、阀和模块正应用于许多工业领域。微型气动在精密机械加工(如钟表制造业)、电子工业(如印刷电路板的生产)和模块装配等场合,以及制药工业和医疗技术、食品加工和包装技术等方面都有了广泛应用,并正在继续向微型化发展。

2. 模块化和集成化

气动的最大优点之一是具有单独元件的组合能力,无论是不同大小的控制器,或是不同功率的控制元件,在一定的应用条件下,都具有随意组合性。集成化应充分兼顾模块化,即在设计时必须考虑集成模块或单元的兼容性。

3. 智能气动

智能气动是具有集成微处理器、并具有处理指令和程序控制功能的元件或单元。最典型的智能气动是内置可编程序控制器(PLC)的阀岛。阀岛可用常规的电子方式或总线方式控制。

4. 整套供应

完整的模块及独立的功能单元使人们只需进行简单的组装即可投入使用。因此,整套供应可以大大节省现场装配、调整时间。

第二节　气压传动原理及元件

一、气压传动工作原理

为了对气压传动系统有一个概括了解,现以气动剪切机为例,介绍气压传动的工作原理。图4-2为气动剪切机的工作原理图,图示位置为剪切前的情况。空气压缩机1产生的压缩空气,经过冷却器2进行降温、油水分离器3初步净化后,送入储气罐4;再经过分水滤气器5、减压阀6和油雾器7及气控换向阀9到达气缸10。此时气控换向阀的A腔压力将阀芯推到上位,使气缸的上腔加压,活塞处于下位,剪切机的剪口张开,处于预备工作状态。当送料机构将工料11送入剪切机并到达规定位置,将行程阀8的触头压下时,行程阀将气控换向阀的A腔与大气相通。换向阀的阀芯在弹簧作用下向下移,将气缸上腔与大气相通,下腔与压缩空气相通,此时活塞带动剪刃快速向上运动将工料切下。工料切下后即与行程阀脱开,行程阀复位,阀芯将排气通道封闭,气控换向阀A腔气压上升,阀芯上移使气路换向。气缸上腔进入压缩空气,下腔排气,此时,活塞带动剪刃向下运动,系统又恢复如图4-2所示的预备状态,等待第二次进料剪切。由此可知,剪切机构切断工料的机械能是由压缩空气的压力能转换而来的。气路中设置的气控换向阀根据行程阀的指令不断改变压缩空气的通路,使气缸活塞实现往复运动。此外,还可根据实际需要,在气路中加入流量控制阀,控制剪切机构的运动速度。

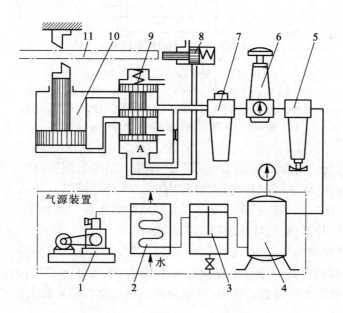

图4-2　气动剪切机的工作原理图

1—空气压缩机;2—冷却器;3—油水分离器;4—储气罐;5—分水滤气器;
6—减压阀;7—油雾器;8—行程阀;9—气控换向阀;10—气缸;11—工料

二、气动执行元件

在气动自动化系统中,气动执行元件是一种将压缩空气的能量转化为机械能,实现直线、摆动或回转运动的传动装置。现以应用最普遍的气缸为例做一简单介绍。

1. 普通气缸的结构及原理

图4-3a所示为普通型单活塞杆双作用气缸的结构原理图。缸内有与活塞杆相连的活塞,活塞上装有活塞密封圈。为防止漏气和外部灰尘的侵入,前缸盖上装有活塞杆用防尘密封圈。这种双作用气缸被活塞分成两个腔室:有杆腔(简称头腔或前腔)和无杆腔(简称尾腔或后腔)。有活塞杆的腔室称为有杆腔,无活塞杆的腔室称为无杆腔。

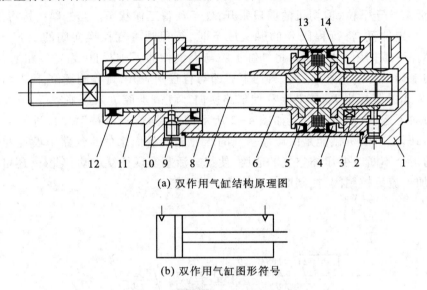

(a) 双作用气缸结构原理图

(b) 双作用气缸图形符号

图4-3 普通型单活塞杆双作用气缸

1—后缸盖;2—密封圈;3—缓冲密封圈;4—活塞密封圈;5—活塞;
6—缓冲柱塞;7—活塞杆;8—缸筒;9—缓冲节流阀;10—导向套;
11—前缸盖;12—防尘密封圈;13—磁铁;14—导向环

当从无杆腔端的气口输入压缩空气时,若气压作用在活塞右端面上的力克服了运动摩擦力、负载等各种反作用力,则推动活塞前进,有杆腔内的空气经该端气口排入大气,使活塞杆伸出。同样,当有杆腔端气口输入压缩空气时,活塞杆退回到初始位置。通过无杆腔和有杆腔的交替进气和排气,活塞杆伸出和退回,气缸实现往复直线运动。

气缸缸盖上未设置缓冲装置的气缸称为无缓冲气缸,缸盖上设有缓冲装置的气缸称为缓冲气缸,图4-3所示为缓冲气缸。缓冲装置由缓冲节流阀、缓冲柱塞和缓冲密封圈等组成。当气缸行程接近终端时,由于缓冲装置的作用,可以防止高速运动的活塞撞击缸盖。

2. 气动夹

气动夹主要是针对机械手的用途而设计的。它可以用来抓取物体,实现机械手的各种动作。图4-4为平行开闭内外径把持式气动夹工作原理图,图示位置为气动夹闭状态。此时压缩空气由进气口 B 向左运动,通过传动杠杆带动卡爪沿导轨向外张开,活塞 A 在传动杠杆及滚子的带动下向右运动,活塞腔内的气体由排气口 A 排出。当压缩空气由进气口 B 输入,推动活塞 A、B 向左、右运动,通过传动杠杆带动卡爪沿导轨向内闭合,输出把持力。实现平行开闭内外径把持动作。

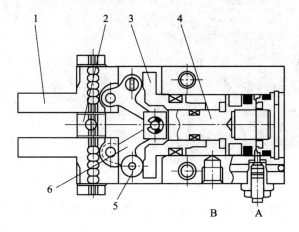

图 4-4　平行开闭内外径把持式气动夹工作原理图

1—卡爪;2—导轨;3—活塞 A;4—活塞 B;5—滚子;6—传动杠杆

3. 真空吸盘

真空吸盘是真空系统中的执行元件,用于将表面光滑且平整的工件吸起并保持住,柔软又有弹性的吸盘确保不损坏工件。

吸盘形状一般分圆盘形和波纹形。圆盘形真空吸盘一般用于吸取平整的工件,波纹形吸盘吸持工件在移动过程中有较好的缓冲性能,同时,允许工件表面有轻微不平、弯曲或倾斜,如图 4-5 所示。当吸盘直径较大时,在吸盘结构上增加了一个金属圆盘,以增加吸盘的强度。

真空吸盘的安装是靠吸盘的螺纹直接与真空发生器或者真空安全阀、空心活塞杆气缸相连实现的,如图 4-6 所示。

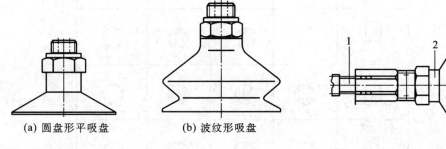

(a) 圆盘形平吸盘　　　(b) 波纹形吸盘

图 4-5　真空吸盘

图 4-6　真空吸盘的连接

1—活塞杆;2—吸盘

目前,在传输和装配生产线上,使用真空吸盘来抓取物体的例子越来越多,如图 4-7 所示。应用真空技术可很方便地实现诸如工件的吸持、脱开、传递等搬运功能。

真空吸盘可以吸持平整光滑的工件表面,它的最小直径为 1 mm,最大直径为 125 mm。真空吸盘最小吸力为 1.6 N,最大吸力可达 606 N。真空吸盘由丁腈橡胶、聚氨酯或硅橡胶等材料与金

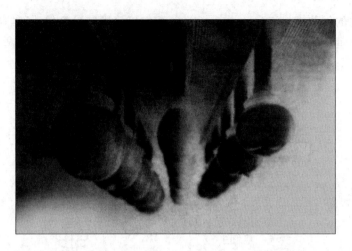

图 4-7　真空吸盘吸取苹果、鸡蛋和番茄等的情景

属骨架压制而成,它们的工作温度范围分别为-20 ～ +80 ℃ ,-20 ～ +60 ℃ ,-40 ～ +200 ℃ 。其中硅橡胶真空吸盘可用于食品工业。

　　气动机械手在抓取物体时,究竟选用哪种抓手一般应根据具体工况而定。对于平板的抓取,通常使用真空吸盘,而对于方形、圆形的物体,既可采用真空吸盘亦可采用其他类型抓手来完成。图 4-8 表示抓手对各种形状的抓取方式。

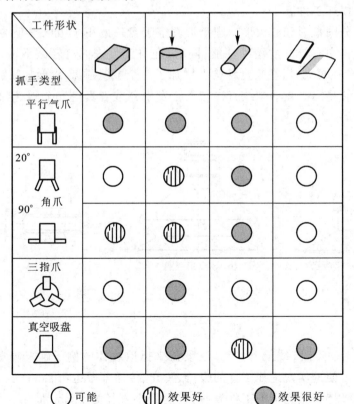

图 4-8　抓手对各种形状的抓取方式

4．气缸的选择与使用

（1）气缸的选择

气缸的品种繁多，各种型号的气缸性能和使用条件不尽相同，各生产厂家规定的技术条件也各不相同。选择气缸时，主要考虑气缸推力或拉力的工作范围、行程、工作介质温度、环境条件（温度、粉尘、腐蚀等）及润滑条件。同时还应考虑安装方式、活塞杆的连接方式（内外螺纹、球铰等）及行程发讯方法等。

（2）气缸的使用

① 气缸安装方式　采用脚架式、法兰式安装时，应尽量避免安装螺栓本身直接受推力或拉力，同时，要使安装底座有足够的刚性。如图4-9所示，安装底座因刚性不足受推力作用发生变形，这对活塞运动产生不良影响。

采用尾部悬挂或中间摆动（耳环中间轴销型）安装时，活塞杆顶端连接销位置与安装件轴的位置处于同一方向。采用中间轴销摆动式安装时，除注意活塞杆顶端连接销的位置外，还应注意气缸轴心线与轴支架的垂直度。气缸的中心应尽量靠近轴销的支点，以减小弯矩，使气缸活塞杆的导向套不至承受过大的横向载荷。缸体的中心高度比较大时，可将安装螺栓加粗或将螺栓的间距加大。

② 安全规范　气缸使用的工作压力超过1.0 MPa或容积超过450 L时，应将气缸视为压力容器，需遵守压力容器的有关规定。

气缸使用前应检查各安装连接点有无松动，操作上应考虑安全联锁。

进行顺序控制时，应检查气缸的工作位置；当发生故障时，应有紧急停止装置；工作结束后，应排放气缸内部的压缩空气，一般应使活塞处于复位状态。

③ 工作环境。

环境温度　通常规定气缸的工作温度为5～60℃。气缸在5℃以下使用时，会因压缩空气中所含的水分凝结给气缸动作带来不利影响。此时，要求空气的露点温度低于环境温度5℃以下，防止空气中的水蒸气凝结。同时要考虑满足在低温下使用的密封件和润滑油。另外，在低温环境中的空气的水分会在活塞杆上冻结。若气缸动作频度较低，可在活塞杆上涂润滑脂，以防活塞杆结冰。

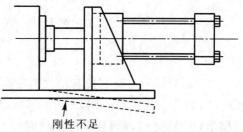

刚性不足

图4-9　安装底座刚性不足发生变形

在高温下使用时，可选用耐热气缸。同时注意高温空气对行程开关、管件及换向阀的影响。

润滑　气缸通常采用油雾润滑。应合理选用润滑油，尽量减少对密封圈膨胀、收缩的影响，且与空气中的水分混合不产生乳化。

接管　气缸接入管道前，必须清除管道内的脏物，防止杂物进入气缸。

5．气缸维护保养

① 使用中应定期检查气缸各部位有无异常现象，各连接部位有无松动等。轴销、耳环式安装的气缸活动部位应定期添加润滑油。

② 气缸检修重新装配时，必须将零件清洗干净，特别应防止密封圈剪切、损坏。注意唇形密封圈的安装方向。

③ 气缸拆下长时间不使用时,所有加工表面应涂防锈油,进、排气口加防尘塞。

三、气动控制元件——电磁阀

1. 基本结构

电磁阀是气动控制元件中最主要的元件,品种规格繁多,结构各异。按操纵方式不同,分为直动型和先导型两类。按结构不同,分为滑柱式、截止式和同轴截止式三类。按密封形式不同,分为间隙密封和弹性密封两类。按所用电源不同,分为直流和交流两类。按使用环境不同,分为普通型和防爆型等。按润滑条件不同,分为不给油润滑和油雾润滑等。

图 4-10 所示为单电控直动式电磁阀工作原理图。图 4-10a 所示为电磁线圈未通电时,P→A 断开,阀没有输出。图 4-10b 所示为电磁线圈通电时,电磁铁推动阀芯向下移动,使 P→A 接通,阀有输出。

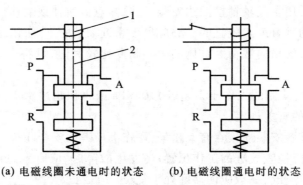

(a) 电磁线圈未通电时的状态　　　(b) 电磁线圈通电时的状态

图 4-10　单电控直动式电磁阀工作原理图

1—电磁铁;2—阀芯

图 4-11 所示为双电控直动式电磁阀工作原理图。图 4-11a 所示为电磁铁 1 通电,电磁铁 2 断电时,阀芯 3 被推至右侧,A 口有输出,B 口排气。若电磁铁 1 断电,阀芯位置不变,仍为 A 口有输出,B 口排气,即阀具有记忆功能。

图 4-11b 所示为电磁铁 1 断电、电磁铁 2 通电状态,阀芯 3 被推至左侧,B 口有输出,A 口排气。同样,电磁铁 2 断电时,阀的输出状态不变。

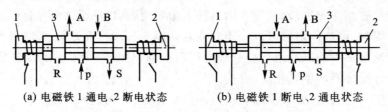

(a) 电磁铁 1 通电、2 断电状态　　　(b) 电磁铁 1 断电、2 通电状态

图 4-11　双电控直动式电磁阀工作原理图

直动式电磁阀的特点是结构简单、紧凑、换向频率高。但用于交流电磁铁时,如果阀杆卡死就有烧坏线圈的可能。阀杆的换向行程受电磁铁吸合行程的限制。因此,只适用于小型阀。通常将直动式电磁阀称为电磁先导阀。

2．电气结构

电磁阀的电气结构包括电磁铁、接线座及保护电路。

（1）电磁铁

电磁铁是电磁阀的主要部件，主要由线圈、静铁心和动铁心构成。它利用电磁原理将电能转变成机械能，使动铁心做直线运动。根据其使用的电源不同，分为交流电磁铁和直流电磁铁两种。

图 4-12 所示为电磁阀中常用电磁铁两种结构形式：T 形和 I 形。

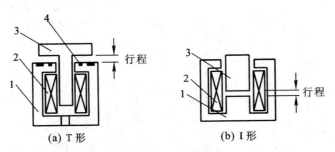

图 4-12　电磁铁结构
1—静铁心；2—线圈；3—动铁心；4—分磁环

T 形电磁铁适于作为交流电磁铁，用高导磁的硅钢片层叠制成，具有铁损低、发热小的特点，但所需吸引行程和体积较大，主要用于行程较大的直动式电磁阀。

I 形电磁铁用圆柱形磁性材料制成，铁心的吸合面通常制成平面状或圆锥形。I 形电磁铁吸力较小，行程也较短，适于作为直流电磁铁和小型交流电磁铁，常用作小型直动式和先导式电磁阀。

在静铁心吸合面环形槽内压入了分磁环。分磁环一般采用电阻系数较小的材料（如黄铜、紫铜等）制成。分磁环的作用是消除电磁铁采用交流电工作时动铁心的振动及蜂鸣噪声。

（2）接线座

电磁阀的接线应方便、可靠，并不得有接触不良、绝缘不良和绝缘破损等，同时还应考虑电磁阀更换方便。

随着电磁阀品种规格增多，适用范围扩大，接线方式也多样化，图 4-13 所示为常用的接线方式。

① 直接出线式　直接从电磁阀的电磁铁的塑封中引出导线，并用导线的颜色来表示交流、直流及使用电压等参数。使用时，直接与外部端子接线。

② 接线座式　这是用接线端子将接线固定的接线方式，接线座与电磁铁或电磁阀制成一体。

③ DIN 插座式　这是按照德国 DIN 标准设计的插座式接线端子的接线方式。对于直流电接线规定，1 号端子接正极，2 号端子接负极。

④ 接插座式　接插座式是在电磁铁或电磁阀上装设接插座的接线方式，带有连接导线的插口附件。

（3）保护电路及其他

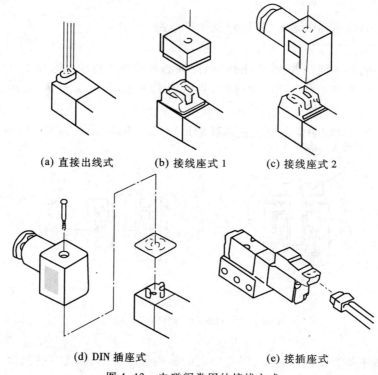

(a) 直接出线式　　　(b) 接线座式 1　　　(c) 接线座式 2

(d) DIN 插座式　　　　　　　(e) 接插座式

图 4-13　电磁阀常用的接线方式

① 保护电路　电磁阀的电磁线圈是感性负载,在控制回路接通或断开的瞬态过程中,电感两端储存或释放的电磁能产生的峰值电压(电流)将击穿绝缘层,也可能产生电火花而烧坏触点(通常都涂敷保护材料)。若在回路中加上吸收保护电路,可使电磁能以缓慢的稳定速度释放,从而避免上述不利影响。

常用的吸收保护电路有 RC 电路、二极管电路、稳压二极管电路和变阻器电路。

② 指示灯及发光密封件　在电磁铁上安装指示灯以后,可以从外部判别电磁阀是否通电。一般交流电磁铁用氖灯来显示,直流电磁铁用发光二极管(LED)来显示。现有一种发光密封件,外形如图 4-14 所示,带有保护电路,通电后能发黄光,安装在插头和电磁线圈之间,起到密封及通电指示作用。

3. 使用注意事项

① 安装前应查看电磁阀的铭牌,包括电源、工作压力、通径、螺纹接口等,注意型号、规格与使用条件是否相符。随后,应进行通电、通气试验,检查阀的换向动作是否正常。用手动装置操作,看阀是否换向。手动切换后,手动装置应复原。

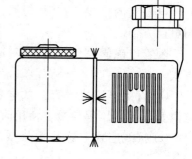

图 4-14　发光密封件

② 安装前应彻底清除管道内的粉尘、铁锈等污物。接管时应防止密封带的碎片进入阀内。

③ 应注意阀的安装方向,大多数电磁阀对安装位置和方向无特殊要求,有指定要求的应予以注意。

④ 应严格管理所用空气的质量,注意空压机等设备的管理,除去冷凝水等有害杂质。阀的密封元件通常用丁腈橡胶制成,应选择对橡胶无腐蚀作用的透平油作为润滑油。即使对无油润滑的阀,一旦用了含油雾润滑的空气后,则不能中断使用。因为润滑油已将原有的油脂洗去,中断后会造成润滑不良。

⑤ 对于双电控电磁阀应在电气回路中设联锁回路,以防止两端电磁铁同时通电而烧毁线圈。

⑥ 使用小功率电磁阀时,应注意继电器保护电路 RC 元件的漏电流造成的电磁铁误动作。因为此漏电流在电磁线圈两端产生漏电压,若漏电压过大,就会使电磁铁一直通电而不能关断,此时可接入漏电阻。

⑦ 应注意采用节流的方式和场合。对于截止式阀或有单向密封的阀,不宜采用排气节流阀,否则将引起误动作。对于内部先导式电磁阀,其入口不得节流。所有阀的呼吸孔或排气孔不得阻塞。

第三节　常用检测元件及系统

人们通常把被测物理量或化学量转换为与之有确定对应关系的电学量输出的装置称为传感器。传感器也叫做变换器、换能器或探测器。传感器输出的信号有不同形式,如电压、电流、频率、脉冲等,以满足信息的传输、处理、记录、显示和控制等要求。

传感器是测量装置和控制系统的首要环节。在气动自动化系统中,传感器主要用于测量设备运行中工具或工件的位置等物理参数,并将这些参数转换为相应的信号,以一定的接口形式输入控制器。本节主要涉及位移测量的位置传感器、电子开关及各类接近开关。

气动自动化系统中常用的传感器有电感式传感器、电容式接近开关、光电开关、霍尔式接近开关、电子舌簧式行程开关和压力开关等。

一、电感式传感器

在气动自动化系统中电感式传感器常用作检测元件位置的接近开关。

1. 特点

电感式传感器用作发信装置,可非接触检测金属物体的运动,并将检测结果转化为电信号输出,广泛应用于机器人、生产线、机械加工及传送系统等场合。其有如下特点:

① 传感器能检测所有穿过或停留在高频磁场中的金属物体;

② 传感器是非接触式的,即传感头与被测物体不直接接触;

③ 传感器的传感头无需配专门的机械装置(如滚轮、机械手柄等);

④ 传感器靠电子装置接收检测信号,便于信号处理。

2. 工作原理

外界的金属性物体对传感器的高频振荡器产生非接触式感应作用。

振荡器即是由缠绕在铁氧体磁心上的线圈构成的 LC 振荡电路。振荡器通过传感器的感应面,在其前方产生一个高频交变的电磁场。图 4-15 是电感式接近开关的感辨头及电原理框图。

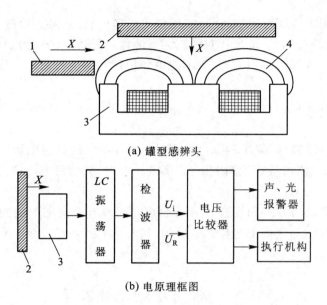

(a) 罐型感辨头

(b) 电原理框图

图 4-15　电感式接近开关

1、2—导电运动物体；3—感辨头；4—磁感线

当外界的金属性导电物体接近这一磁场并到达感应区时，在金属物体内产生涡流效应，即称之为阻尼现象。这一变化被开关的后置电路放大处理并转换为一个确定的输出信号，驱动控制器件，从而达到非接触式目标检测的目的。

表 4-1 所示为一种用电感检测原理工作的 SIEN-4B 型接近开关的主要性能。它采用直流电压工作，内置保护电路和 LED 显示。这种接近开关对不同金属材料额定检测距离是不同的。

表 4-1　SIEN-4B 型接近开关的主要性能

额定检测距离 0.8 mm	迟滞 0.010 ~ 0.16 mm	电压降 <2 V
实际检测距离 0.72 ~ 0.88 mm	工作电压 0 ~ 30 V	残余电流 <0.1 mA
有效检测距离 0.64 ~ 0.96 mm	许用电压波动 ±10%	切换频率 3 000 Hz
可靠检测距离 0.64 mm	无效电流 ≤10 mA	短路保护为内置
重复精度 0.04 mm	额定输出电流 200 mA	接线极性容错为内置

二、电容式接近开关

1. 工作原理

电容检测线路框图如图 4-16 所示。当测试目标接近传感器表面时，它就进入了由 A、B 两个电极构成的电场，引起 A、B 之间的耦合电容增加，电路开始振荡。每一振荡的振幅均由数据分析电路测得，并形成开关信号。

2. 电容式接近开关的构成

电容式接近开关既能被导体目标感应，也能被非导体目标感应。以导体为材料的测试目标对传感器的感应面形成一个反电极，与极板 A 和极板 B 构成了串联电容 C_a 和 C_b（图 4-17）。该串联电容的电容量总是大于无测试目标时由电极 A 和电极 B 所构成的电容量。因为金属具有

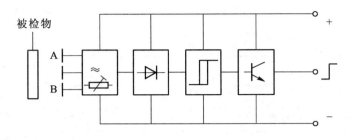

图 4-16　电容检测线路框图

高传导性,所以金属测试目标可获得最大开关距离。

以非导体(绝缘体)为材料的测试目标可用以下方式感应其开关。将一块绝缘体放在电容器的电极 A 和电极 B 之间(图 4-18),使其电容量增加。增加量取决于介电常数。

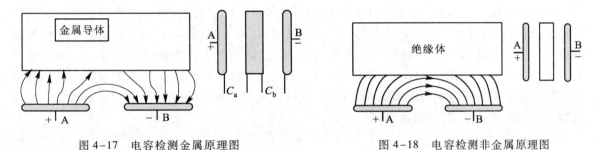

图 4-17　电容检测金属原理图　　　　图 4-18　电容检测非金属原理图

表 4-2 所示为一种用电容检测原理工作的 BC10-M30-VP4X 型接近开关的主要性能。

表 4-2　BC10-M30-VP4X 型接近开关的主要性能

额定检测距离 10 mm	开关滞后 2%～20%	残余电流<0.1 mA
重复精度≤2%	工作电压 10～65 V	切换频率 100 Hz
温度范围-25～+70 ℃	许用电压波动±10%	短路保护为内置
接通延时≤25 ms	额定输出电流≤200 mA	接线极性容错为内置
电压降<1.8 V	空载电流 6～12 mA	断线保护为内置

三、光电开关

光电开关是用来检测物体的靠近、通过等状态的光电传感器。近年来,随着生产自动化、机电一体化的发展,光电开关已发展成系列产品,其品种及产量日益增加,用户可根据生产需要,选用适当规格的产品,而不必自行设计光路及电路。

从原理上讲,光电开关由红外发射元件与光敏接收元件组成,其检测距离可达数十米。

1. 工作原理

如图 4-19 所示,光电检测的原理是根据发射器发出的光束被物体阻断或部分反射,接收器最终据此做出判断及反应。

当接收到光线时,光电开关有输出,被称为"亮态操作";当光线被阻断或低于一定数值时,

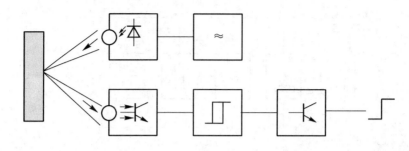

图 4-19 光电开关的工作原理图

光电开关有输出,被称为"暗态操作"。光电开关动作的光强值是由许多因素决定的,包括目标的反射能力及光电开关的灵敏度。所有光电开关都采用调制光,以便有效地消除环境光的影响。

2. 光电开关的结构和分类

光电开关可分为两类:遮断型和反射型,如图 4-20 所示。图 4-20a 中,发射器和接收器相对安放,轴线严格对准。当有物体在两者中间通过时,红外光束被遮断,接收器接收不到红外线而产生一个电脉冲信号。反射型分为两种情况:反射镜反射型及被测物体反射型(简称散射型),分别如图 4-20b、图 4-20c 所示。反射镜反射型传感器单侧安装,调整反射镜的角度以获得最佳的反射效果。散射型的安装最为方便,并且可以根据被检测物上的黑白标记来检测。但散射型的检测距离较小,只有几百毫米。

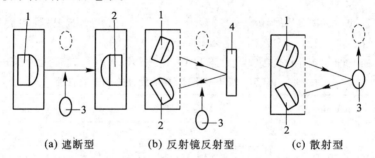

(a) 遮断型　　　　(b) 反射镜反射型　　　　(c) 散射型

图 4-20　光电开关类型及应用

1—发射器;2—接收器;3—被测物;4—反射镜

光电开关中的红外光发射器一般采用功率较大的红外发光二极管(LED)。而接收器可采用光敏晶体管、光敏达林顿管或光电池。为了防止荧光灯的干扰,可在光敏元件表面加红外滤光透镜。其次,LED 可用高频(40 Hz 左右)脉冲电流驱动,从而发射调制光脉冲,相应地,接收光电元件的输出信号经选频交流放大器及解调器处理,可以有效地防止太阳光的干扰。

光电开关可用于在生产流水线上统计产量、检测装配线到位与否以及装配质量(如瓶盖是否压上、标签是否漏贴等),并且可以根据被测物体的特定标记给出自动控制信号。目前,它已广泛地应用于自动包装机、自动灌装机、装配流水线等自动化机械装置中。

四、霍尔式接近开关

1. 霍尔式接近开关

霍尔式接近开关的工作原理示意图如图 4-21 所示。

在图 4-21a 中,磁极的轴线与霍尔元件的轴线在同一直线上。当磁铁随运动部件移动到距霍尔元件几毫米时,霍尔元件的输出由高电平变为低电平,经驱动电路使继电器吸合或释放,运动部件停止移动。

在图 4-21b 中,磁铁随运动部件沿 X 方向移动,霍尔元件从两块磁铁间隙中滑过。当磁铁与霍尔元件的间距小于某一数据时,霍尔元件输出由高电平变为低电平。与图 4-21a 不同的是,若运动部件继续向前移动滑过了头,霍尔元件的输出又将恢复高电平。

在图 4-21c 中,软铁制作的分流翼片与运动部件联动,当它移动到磁铁与霍尔元件之间时,磁感线被分流,遮挡了磁场对霍尔元件的激励,霍尔元件输出高电平。

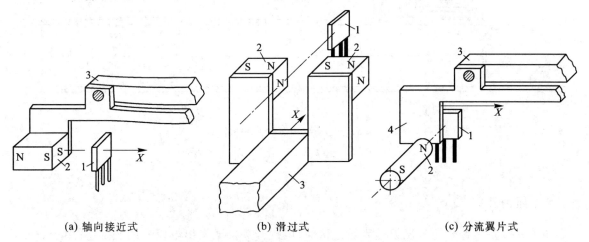

(a) 轴向接近式　　　　　(b) 滑过式　　　　　(c) 分流翼片式

图 4-21　霍尔式接近开关的工作原理示意图

1—霍尔元件;2—磁铁;3—运动部件;4—软铁分流翼片

2. 霍尔集成电路

随着微电子技术的发展,目前霍尔元件已集成化。霍尔集成电路具有体积小、灵敏度高、输出幅度大、温漂小、对电源稳定性要求低等优点。

霍尔集成电路可分为线性型和开关型两大类。霍尔式接近开关使用的是开关型集成电路,它是将霍尔元件、稳压电路、放大器、施密特触发器、OC 门等电路做在同一个芯片上。当外加磁场强度超过规定的工作点时,OC 门由高阻态变为导通状态,输出变为低电平,当外加磁场强度低于释放点时,OC 门重新变为高阻态,输出高电平。这类器件较典型的有 UGN3020 等。图 4-22 是 UGN3020 的外形尺寸和内部电路框图。

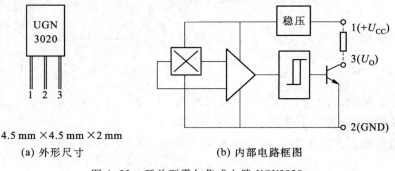

$4.5\ mm \times 4.5\ mm \times 2\ mm$

(a) 外形尺寸　　　　　　　(b) 内部电路框图

图 4-22　开关型霍尔集成电路 UGN3020

五、电子舌簧式行程开关

电子舌簧式行程开关(图4-23)内装有舌簧片、保护电路和指示灯,它们被合成树脂封装在盒子内。当行程开关进入磁场(气缸活塞上的永久磁环)时,触点闭合,行程开关输出一个电控信号。

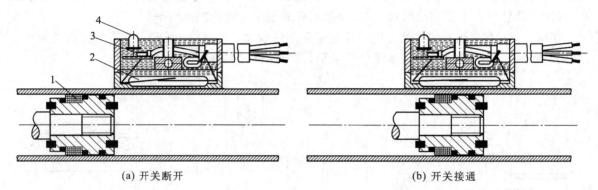

(a) 开关断开　　　　　　　　　　　　　　　(b) 开关接通

图4-23　电子舌簧式行程开关

1—永久磁环；2—舌簧片；3—保护电路；4—指示灯

六、压力开关

压力开关是一种当输入压力达到给定值时,电气开关接通发出电信号的装置,常用于需要压力控制和保护的场合。例如,空压机排气压力和吸气压力保护,有压容器(如气罐)内的压力控制等。压力开关除用于压缩空气外,还用于蒸汽、水、油等其他介质的压力控制。

压力开关由感受压力变化的压力敏感元件、调整给定压力大小的压力调整装置和电气开关三部分构成。

通常,压力敏感元件采用膜片、膜盒、波纹管和波登管等弹性元件构成,也可采用活塞式。压力敏感元件的作用是感受压力大小,将压力转换为位移量。除此以外,压力敏感元件趋于采用压敏元件、压阻元件,具有体积小、精度高等特点,能直接将压力转换成电信号输出。

电气开关性能根据工作电压、功率及输出电路的通断状况来确定,要求电气开关体积小,动作灵敏可靠,使用寿命长。

图4-24所示为PEV型可调压力开关,当输入X口的压力达到给定值时,膜片驱动微动开关动作,而有电信号输出。给定压力在0.1 MPa范围内无级可调。

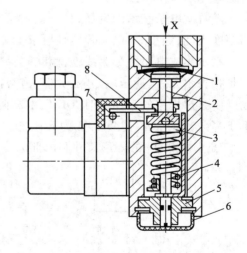

图4-24　PEV型可调压力开关

1—膜片；2—推杆；3—弹簧；4—调节螺钉；
5—六角螺母；6—保护帽；7—微动开关；8—连杆

第四节　电气与可编程序控制系统

气动技术的发展历史虽然不长,但其应用已越来越广泛。气动控制方式已由气动逻辑元件或气控阀组成的全气动控制,发展为由电气技术参与的电气控制。

电气控制的气动系统的自动化应用是相当广泛的。电气控制的特点是响应快,动作准确。在气动自动化系统中,电气控制主要是控制电磁阀的换向。

电气控制由继电器回路控制发展成如今可编程序控制器(PLC)控制。气动控制由于PLC的参与,使庞大的、复杂多变的系统控制变得简单明了,使程序的编制、修改变得容易。早期由于电磁阀线圈的功率即PLC输出功率的原因,还要在阀与PLC之间采用一些中间环节。如今随着气动技术的发展,电磁阀线圈的功率越来越小,而PLC的输出功率在增大,所以阀与PLC之间省却了许多中间环节,使控制系统变得简单。随着工业的发展,自动化程度越来越高,气动应用领域越来越广,加上检测技术的发展,气动控制越来越离不开PLC,而阀岛技术的发展,使PLC的应用在气动控制中变得更加得心应手。

本节主要介绍有关电气控制的基本知识、常用的电控气动回路及PLC程序设计的基本方法。

一、电气控制的基本知识

1. 元器件的图形符号

电路的接通和断开是由各类电器的触点来完成的,如电磁阀的通电和断电就是由行程开关的触点来完成的。电路中的触点有动合触点和动断触点两类,如图4-25所示。

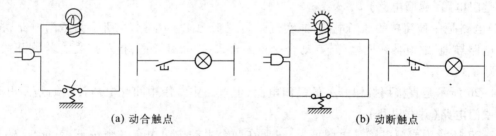

(a) 动合触点　　　　　　　　　　　(b) 动断触点

图4-25　触点

2. 控制继电器

控制继电器是一种当输入变化到某一定值时,其触点即接通或断开的交、直流小容量控制的自动化电器。它广泛用于电力拖动、程序控制、自动调节与自动检测系统中。按动作原理分有电压继电器、电流继电器、中间继电器、热继电器、温度继电器、速度继电器及特种继电器等。在气动自动化技术中用得最多的是中间继电器与时间继电器两种。

中间继电器的作用是通过它进行中间转换,增加控制回路数或放大控制信号。其线圈电流有交流与直流两种。

时间继电器用于各种生产工艺过程或设备的自动控制中,以实现通电或断电延时。表4-3所示为时间继电器图形符号。

95

表4-3　各种时间继电器图形符号

线圈、触点符号	名　称	动作波形
▭	线圈	⎍
⌐⏚	延时闭合动合触点	→|T ⎍
⌐⏚	延时断开动断触点	→|T ⎏
⌐⏚	延时断开动合触点	⎍ →|T
⌐⏚	延时闭合动断触点	⎏ →|T
⌐⏚	延时闭合与断开的动合触点	|←T→|←T→|

二、电气逻辑回路

实现"接通"和"断开"功能的元件称为开关元件。由各种开关元件组成的电气线路称为开关电路。开关元件只有两种状态："接通"(又称动合)和"断开"(又称动断)。接通用逻辑 1 表示,断开用逻辑 0 表示。

1. 是门电路(通断电路)

是门电路是一种简单的通断电路,能实现是门逻辑功能。图 4-26 所示为是门电路,按下按钮,1-1 电路导通,继电器线圈励磁,其动合触点闭合,2-2 电路导通,指示灯亮。若放开按钮,则指示灯灭。

图 4-26 所示是直接用按钮开关的是门电路,但电路中常用中间继电器转换的是门电路。

2. 或门电路(并联电路)

图 4-27 所示为或门电路。由图可见,只要在两个手动按钮中有一个按下,就能使 3-3 电路的继电器线圈 KA3 励磁,KA3 触点吸合,指示灯亮。

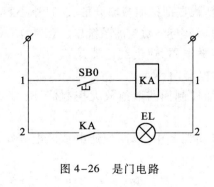

图 4-26　是门电路

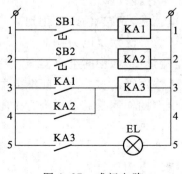

图 4-27　或门电路

3．与门电路（串联电路）

图 4-28 所示为与门电路。由图可见，只有两个开关都被按下，1-1、2-2 电路导通，触点 KA1、KA2 闭合，使 3-3 导通，继电器线圈 KA3 励磁，KA3 触点吸合，才能使指示灯亮。

4．记忆电路（自保持电路）

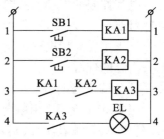

图 4-28　与门电路

图 4-29 所示为记忆电路。当有信号 SB1 时，KA 励磁，其动合触点 KA 吸合，指示灯亮。若信号 SB1 消失，由于 2-2 电路中有触点 KA 动合接通，故中间继电器线圈能自保持而继续励磁，指示灯继续亮着。只有当有信号 SB2 时，触点 KA 断开，指示灯灭；当信号 SB2 消失时，指示灯仍旧熄灭。由于 2-2 电路中的继电器触点 KA 是与 SB1 并联的，当有信号 SB1 时，则 2-2 和 3-3 电路中的两个触点闭合，即使信号 SB1 消失，2-2 电路中的触点已将信号"记忆"了。

图 4-29 所示的两种记忆电路中，要求信号 SB1、SB2 不能同时存在，以防发生故障。如果信号 SB1、SB2 同时出现，则图 4-29a 中的电路就断开，故又称为"优先置 0"记忆电路。同理，当 SB1、SB2 同时存在，图 4-29b 中的电路就接通，故又称为"优先置 1"记忆电路。两种电路略有差异，可根据要求使用。

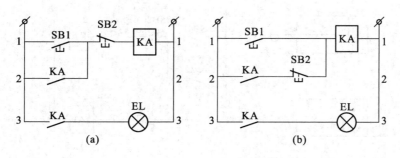

(a)　　　　　　　　　　(b)

图 4-29　记忆电路

5．延时电路

图 4-30 所示为两种延时电路，对照表 4-3 所示的延时触点符号，就容易理解延时电路的动作原理了。

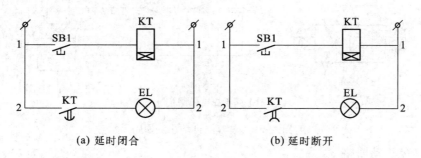

(a) 延时闭合　　　　　　　(b) 延时断开

图 4-30　延时电路

三、典型的电控气动回路

电气控制的气动回路图应将电气控制部分和气动部分分开画,两张图上的文字符号应一致,以便对照。

这里主要介绍电气控制的单气缸气动回路,通过其动作说明,便于学生对电控气动回路设计部分内容的理解。

1. 自动往复回路

图4-31a所示为用单电控电磁阀操纵的单气缸自动往复回路。按下启动按钮SB1,继电器KA励磁,2-2触点闭合,实现自锁。3-3触点KA闭合,电磁阀线圈YA0得电,阀换向,气缸前进。气缸活塞杆到达行程末端压下行程开关SA1,使电磁阀线圈失电,阀复位,气缸后退。实现一次自动往复运动。若按停止按钮SB2,气缸立即返回初始位置。

图4-31b所示为双电控电磁阀操纵单气缸自动往复回路。双电控电磁阀具有记忆功能,在工作过程中即使突然失电,其操纵的气缸仍能保持工作状态不变直至行程终端。

图4-31b中的启动按钮采用了带有动断触点的复合按钮,分别连在1-1、2-2电路上,使动合和动断两组触点构成互锁,防止两侧线圈同时通电而被烧坏。这在交流直动式电磁阀回路中是必不可少的保护措施。

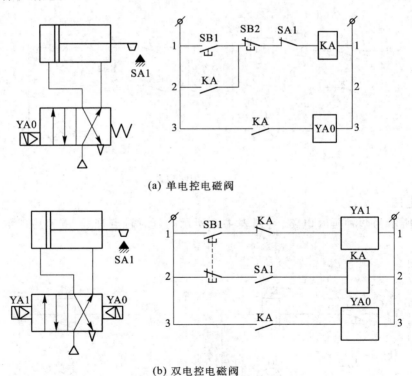

(a) 单电控电磁阀

(b) 双电控电磁阀

图4-31　单气缸自动往复回路

2. 延时往复运动回路

图4-32所示为双电控电磁阀操纵的单气缸延时往复运动回路。按下起动按钮SB1,则YA1

得电,气缸左腔进气,活塞杆右进,至行程终端压下行程开关 SA1,于是时间继电器 KT 作用,经 t 秒时间延迟后,触点 KT 闭合,YA0 得电,电磁阀换向,活塞杆退回,完成一次往复运动。

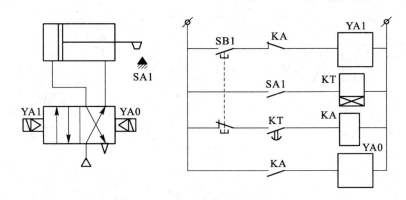

图 4-32　单气缸延时往复运动回路

3. 连续往复运动回路

图 4-33a 所示为单电控电磁阀操纵的单气缸连续往复运动回路。初始位置时,行程开关 SA0 被压下,触点闭合。按下启动按钮 SB1 后,KA1 构成自锁回路,3-3 触点 KA1 闭合,KA2 作用,实现自锁。同时 5-5 触点 KA2 闭合,电磁阀 YA0 得电,气缸活塞杆前进(SA0 断开),至终点压下 SA1,3-3 触点 SA1 断开,4-4、5-5 触点 KA2 断开,YA0 失电,气缸后退(SA1 闭合),至终点压下 SA0,气缸又前进,连续往复。若按下停止按钮 SB2,KA1 自锁解除,此时气缸活塞杆无论处于什么位置,都将退回至初始位置停止。

图 4-33b 所示为双电控电磁阀操纵的单气缸连续往复运动回路。初始位置时,SA0 闭合。按下启动按钮 SB1 后,KA1 构成自锁回路,3-3 触点 KA1 闭合,KA2 得电,则 4-4 触点 KA2 断开,5-5 触点 KA2 闭合,YA1 得电,气缸前进(SA0 断开,5-5 触点 KA2 即断开),至行程终点时 SA1 闭合,4-4 的 KA3 得电,则 3-3 的 KA3 断开,6-6 的 KA3 闭合,YA0 得电,气缸后退(SA1 断开,6-6 的 KA3 即断开),至行程终点 SA0 闭合。重复上述过程,气缸自动往复运动。

若按下停止按钮 SB2,解除 KA1 的自锁状态,自动工作循环即终止。若此时气缸处于前进状态,则运动至压下行程开关 SA1,气缸停止。若此时气缸处于后退状态,则运动至压下行程开关 SA0,气缸即停止。

4. 延时连续往复运动回路

图 4-34 为单气缸延时连续往复运动回路。初始位置时,SA0 闭合。按下启动按钮 SB1,继电器 KA1 励磁并实现自锁,2-2、3-3 的 KA1 闭合,4-4 电路上的 KA2 得电,则 KA2 闭合(自锁),YA0 得电,气缸前进(SA0 断开),至行程终端压下 SA1,时间继电器 KT 作用,经时间 t 后,动断触点 KT 断开,YA0 失电,KA2 自锁作用解除,气缸后退(SA1 断开),至行程终端再次压下 SA0,重复上述过程,单气缸自动延时连续往复运动。若按下停止按钮 SB2,解除 KA1 的自锁,则自动工作循环终止。

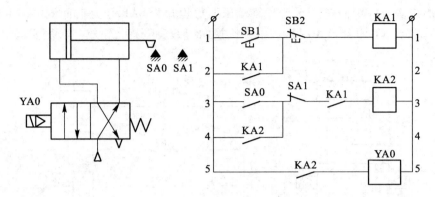

(a) 单电控电磁阀控制

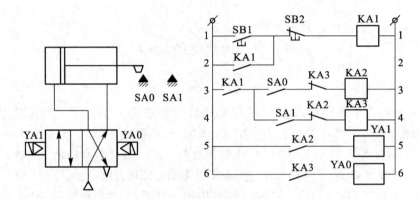

(b) 双电控电磁阀控制

图 4-33　单气缸连续往复运动回路

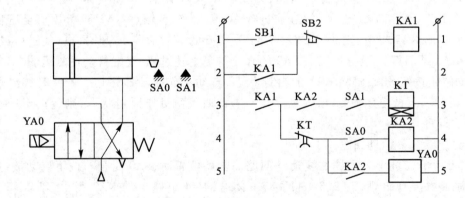

图 4-34　单气缸延时连续往复运动回路

四、继电器的选用与维护

1. 继电器的选用

应根据以下原则选用继电器：

① 根据被接通或分断的电流种类选择继电器的类型；

② 根据被控电路中电流大小和使用类别来选择继电器的额定电流；

③ 根据被控电路电压等级来选择继电器的额定电压；

④ 根据被控电路的电压等级选择继电器线圈的额定电压。

2. 继电器维护

① 定期检查继电器的零件，要求可动部分灵活，紧固件无松动。已损坏的零件应及时修理或更换。

② 保持触点表面清洁，不允许沾有油污。当触点表面因电弧烧蚀而附有金属小颗粒时，应及时去掉。若触点已磨损，应及时调整。若触点厚度只剩下 1/3，应及时更换。

③ 继电器不允许在去掉灭弧罩的情况下使用，因为这样很可能发生短路事故。用陶土制成的灭弧罩易碎，拆装时应小心，避免碰撞造成损坏。

④ 若继电器已不能修复，应予更换。更换前应检查继电器的铭牌和线圈标牌上标出的参数。换上去的继电器的有关数据应符合技术要求。看看分合继电器的可动部分是否灵活，并将铁心上的防锈油擦干净，以免油污粘滞造成继电器不能释放。

继电器常见故障及其处理方法见表 4-4。

表 4-4　继电器常见故障及其处理方法

故障现象	产生故障的原因	处理方法
吸不上或吸不足	（1）电源电压低或波动过大 （2）操作回路电源容量不足，或发生断线，触点接触不良，接线错误 （3）线圈技术参数不符合要求 （4）继电器线圈断线，可动部分被卡住，转轴生锈、歪斜等 （5）触点弹簧压力与超程过大 （6）继电器底盖螺钉松脱或其他原因使静、动铁心间距太大 （7）继电器安装角度不合规定	（1）调整电源电压 （2）增大电源容量，修理线路和触点 （3）更换线圈 （4）更换线圈，排除可动零件的故障 （5）按要求调整触点 （6）拧紧螺钉，调整间距 （7）电器底板垂直水平面安装
不释放或释放缓慢	（1）触点弹簧压力过小 （2）触点被熔焊 （3）可动部分被卡住 （4）铁心极面有油污 （5）反力弹簧损坏 （6）用久后，铁心极面之间的气隙消失	（1）调整触点参数 （2）修理或更换触点 （3）拆修有关零件，再装好 （4）擦净铁心极面 （5）更换反力弹簧 （6）更换或修理铁心

故障现象	产生故障的原因	处 理 方 法
线圈过热或烧损	(1) 电源电压过高或过低 (2) 线圈技术参数不符合要求 (3) 操作频率过高 (4) 线圈已损坏 (5) 使用环境特殊,如空气潮湿,含有腐蚀性气体或温度太高 (6) 运动部分卡住 (7) 铁心极面不平或气隙过大	(1) 调整电源电压 (2) 更换线圈或继电器 (3) 按使用条件选用继电器 (4) 更换或修理线圈 (5) 选用特殊设计的继电器 (6) 针对情况设法排除 (7) 修理或更换铁心
噪声较大	(1) 电源电压低 (2) 触点弹簧压力过大 (3) 铁心极面生锈或沾有油污、灰尘 (4) 零件歪斜或卡住 (5) 分磁环断裂 (6) 铁心极面磨损过度而不平	(1) 提高电源电压 (2) 调整触点弹簧压力 (3) 清理铁心极面 (4) 调整或修理有关零件 (5) 更换铁心或分磁环 (6) 更换铁心
触点熔焊	(1) 操作频率过高或超负荷使用 (2) 负载侧短路 (3) 触点弹簧压力过小 (4) 触点表面有突起的金属颗粒或异物 (5) 操作回路电压过低或机械性卡住触点停顿在刚接触的位置上	(1) 按使用条件选用继电器 (2) 排除短路故障 (3) 调整触点弹簧压力 (4) 修整触点 (5) 提高操作回路电压,排除机械性卡阻故障
触点过热或灼伤	(1) 触点弹簧压力过小 (2) 触点表面有油污或不平,银触点氧化 (3) 环境温度过高,或使用于密闭箱中 (4) 操作频率过高或工作电流过大 (5) 触点的超程太小	(1) 调整触点弹簧压力 (2) 清理触点 (3) 继电器降容使用 (4) 调换合适的继电器 (5) 调整或更换触点
触点过度磨损	(1) 继电器选用欠妥,在某些场合容量不足,如反接制动、密集操作等 (2) 三相触点不同步 (3) 负载侧短路	(1) 继电器降容或改用合适的继电器 (2) 调整,使之同步 (3) 排除短路故障
相间短路	(1) 可逆继电器互锁不可靠 (2) 灰尘、水汽、污垢等使绝缘材料导电 (3) 某些零部件损坏(如灭弧室)	(1) 检修互锁装置 (2) 经常清理,保持清洁 (3) 更换损坏的零部件

例 4-1   导向装置控制。

导向装置工作示意图如图 4-35 所示。用这种导向装置可以把一条传送带上的部件放到另一条传送带上去。按下一个按钮开关,导向架向前推进,导向架上的部件被放到另一条传送带上,并向相反的方向继续传送。按下另一个按钮开关,导向架回到初始位置。

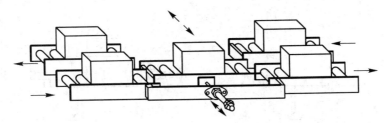

图 4-35   导向装置工作示意图

根据题意,可设计出图 4-36 和图 4-37 所示的气动控制回路图和电气控制线路图。

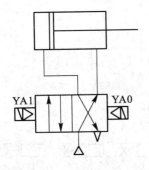

图 4-36   气动控制回路图

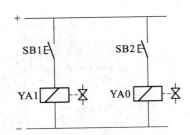

图 4-37   电气控制线路图

按下按钮开关 SB1,电磁线圈 YA1 的回路闭合,2 位 5 通电磁脉冲阀门开启,双作用气缸的活塞杆运动至前端。松开按钮开关 SB1 后,电磁线圈 YA1 的回路断开。

按下按钮开关 SB2,电磁线圈 YA0 的回路闭合,2 位 5 通电磁脉冲阀门回到初始状态,双作用气缸的活塞杆退回到末端。松开按钮开关 SB2 后,电磁线圈 YA0 的回路断开。

例 4-2   给料设备控制。

用这种给料设备把料仓中的木板分配给加工站。木板被气缸 A 从料仓中推出并被气缸 B 送至加工站。当气缸 A 的活塞杆运动至末端时,才允许气缸 B 的活塞杆向末端移动。其动作示意图如图 4-38 所示。

根据题意,可设计出气动控制回路图和电气控制线路图如图 4-39 和图 4-40 所示。

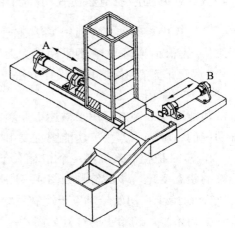

图 4-38   给料设备动作示意图

103

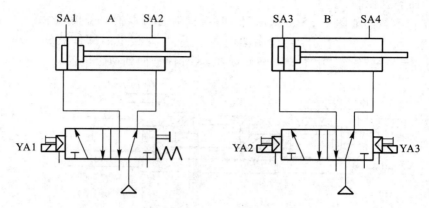

图 4-39　给料设备气动控制回路图

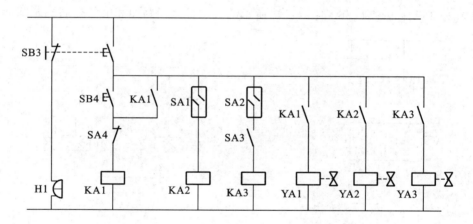

图 4-40　给料设备电气控制线路图

五、可编程序控制器在气动控制中的应用

可编程序控制器具有通用灵活、抗干扰能力强、可靠性高、易于编程、使用方便、安装简单、便于维修、体积小等特点,它的采用大大缩短了系统的设计和调试周期。

1. 可编程序控制器程序设计方法

(1) 功能图

功能图是一种专门用于描述工业顺序控制过程的图形说明语言,即用图形描述顺序控制系统功能的一种表示方法。功能图主要由"步"、"转移"及"有向线段"等元素组成。

① 步　把控制系统中一个相对不变的稳定状态称为步。在功能图中,步通常表示某个执行元件的状态变化。步的符号如图 4-41 所示。通常步又分为初始步和工作步。

a. 初始步　初始步对应于控制系统的初始状态,是系统运行的起点。一个控制系统至少要有一个初始步。初始步的符号如图 4-42 所示。

b. 工作步　工作步是指控制系统正常运行时的状态。根据系统是否在运行,每一工作步可以有两种状态,即动态和静态,又称动步和静步。动步是指当前正在运行的步,静步是指当前没有运行的步。

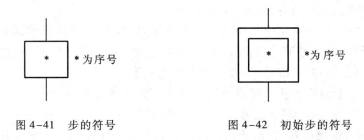

图 4-41　步的符号　　　　　　　　　图 4-42　初始步的符号

　　c. 与步对应的动作　步描述控制系统中一个稳定的状态,即表示过程中的一个动作,该动作用步符号右边的一个矩形来表示,如图 4-43 所示。

　　② 转移。

　　a. 转移的表示方法　控制系统从一个稳定状态过渡到另一个稳定状态的过程称为转移。用一个有向线段来表示转移的方向,并用两步间有向线段中间的一段横线表示转移条件。转移的符号如图 4-44 所示。

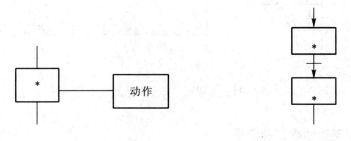

图 4-43　与步对应的动作的表示方法　　　　　图 4-44　转移符号

　　b. 转移的使能和触发　转移的实现必须依赖于一种条件,此条件成立,称为转移使能。该转移条件如果可以使步状态转移,则称为触发。

　　一个转移能够触发必须满足:该步为动步和转移使能。

　　(2) 画功能图的方法

　　能够正确地画出其顺序控制过程功能图是设计 PLC 的顺序控制系统程序的关键。画顺序控制过程功能图的一般方法如下:

　　① 分析系统工作要求和实际工艺流程,确定系统所采用的功能图结构。

　　② 将系统的工艺流程分解为若干步,每一步表示系统的一个稳定状态。

　　③ 确定步与步之间的转移信号及其关系。该转移信号一般由现场各步的主令元件或传感器件发出。

　　④ 确定初始步的状态。一般初始步表示顺序控制系统的初始状态。

　　⑤ 系统结束时一般是返回到初始状态。

　　2. 功能图转换为梯形图

任何一个顺序过程都可以由功能图表示出来。一般中小型 PLC 由于不具备输入功能图的能力,因而可以把功能图作为控制规律说明语言来描述顺序控制过程,然后实现由一个功能图到与其对应的梯形图的转换,最终由 PLC 实现对该过程的控制。

除了初始步之外,每一步用一个内部继电器表示其步状态,当该步前的转移条件满足时,该步状态为"1";当该步后的转移条件满足时,该步状态为"0"。每一转移条件既是下一状态的进入信号,也是上一状态的退出信号,一般采用停止优先形式。

注意:与功能图中的步和转移相对应,QA 相当于每步前的转移条件;TA 对应每步后的转移条件;J 为表示该步状态的内部继电器,为了保证过程严格按顺序执行,在启动条件中加了约束条件,即上一步的内部继电器,以防止因误触动主信号以及主令信号重复使用而发生误动作,启动条件变成 $QA \cdot J_{i-1}$。这里的约束条件可理解为当某转移实现时,必须是转移条件成立,且前一步为动步。功能图与梯形图的对应关系如图 4-45 所示。

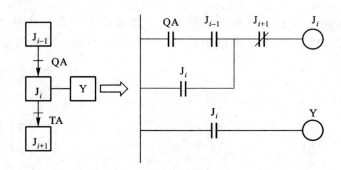

图 4-45　功能图与梯形图的对应关系

3. 可编程序控制器的维护和检修

PLC 作为控制系统中最常用的设备,对其进行日常和定期维护是必要的,维护的要领和检修项目如下。

(1)维护

对 PLC 的日常维护主要是对其易损部件的更换。为了在发生故障时能迅速恢复,平时应准备好备用单元和易损部件。

易损部件主要包括以下几种:熔体、电池、继电器等。下面说明更换这些部件的方法。

① 熔体的更换方法　首先应当了解各单元使用熔体的参数,这样才能正确地更换熔体。熔体的更换方法:

a. 切断单元的电源;

b. 拆下单元的外壳,松开螺钉,然后从上盖左侧面提起;

c. 取下熔断器盖;

d. 用一字螺丝刀把熔体从底座中取出,装入新熔体;

e. 把熔体插入底座;

f. 把单元的外壳装上,外壳要保证装好,若外壳没有完全到位,则内部的连接器不会连接上。

在 CPU 单元上所作的全部维修操作应在 1 h 内完成,因为 CPU 单元在摘掉外壳的状态下长期放置,RAM 的内容可能会丢失。

② 继电器的更换方法　首先要了解 PLC 中使用的继电器型号,然后按以下方法更换继电器:

a. 切断单元的电源;

b. 把单元的外壳取下,从左侧面提起;

c. 使用印刷板口右侧的拔取工具更换损坏的继电器;

d. 安装上盖,注意上盖要确保安装好,以免内部的连接器连接不上。

③ 电池的更换方法　电池的寿命在 25 ℃ 及以下为 5 年,高于此温度时寿命会缩短。电池的寿命期限一到,PLC 面板上的 ALARM RED 灯就闪烁(报警)。这时,要在一周内更换新电池。电池更换方法如下:

a. 切断单元的电源,如果原来电源就没有接通,则先要接通电源 10 s 以上,然后再切断电源。

b. 取下单元外壳,并从左侧面提起。

c. 把电池带着连接器一同拔出来,更换新电池,更换新电池要在 5 min 内完成。

d. 装好单元的外壳并使其保证接触牢固。

e. 接上编程器进行“BATTLOW”(电池异常)解除操作。或者把电源接通→断开→再接通,也能解除电池异常故障。

注意:电池有燃烧、爆炸、泄漏的危险。因此,不要把电池的两极短路,不要将电池充电、加热或拆开,更不要投入火中。

(2) 检修

为了使 PLC 在最佳状态下工作,进行日常或定期的检修是必要的。PLC 的主要构成部件是半导体器件,具有长久的使用寿命。但考虑到环境的影响、半导体元件老化等因素,定期检修时间以 6 个月~1 年为宜,也可根据 PLC 工作环境的情况调整检修时间。

对 PLC 进行检修的项目、内容及要求见表 4-5。

表 4-5　PLC 检修的项目、内容及要求

No.	检修项目	检修内容	要　　求	检修工具
1	供电电源	测量电源端子,看电压变动是否在标准内	在允许的电压变动范围内	万用表
2	外部环境	环境温度是否适宜(箱内温度)	0~55 ℃	温度计
		环境湿度是否适宜(箱内湿度)	35%~85% RH 不结露	湿度计
		是否积尘	不积尘	目视
3	输入输出用电源	在输入输出端子板上测量,看电压是否在变化基准内	以各输入输出规格为准	万用表

No.	检修项目	检修内容	要　　求	检修工具
4	安装状态	CPU 单元、I/O 单元、I/O 连接单元是否牢固安装	螺钉不松动	十字旋具
		连接电缆的连接器是否完全插入、锁紧	螺钉不松动	十字旋具
		外部配线的螺钉是否松动	螺钉不松动	十字旋具
		外部配线电缆是否将断裂	外观无异常	目视
5	使用寿命	接点输出继电器	电气寿命(阻性负载 30 万次,感性负载 10 万次),机械寿命 5 000 万次	目视
		电池	5 年(25 ℃)	目视

对 PLC 进行检修应注意下列事项:

① 更换单元时要先切断电源;

② 发现不良单元进行更换后,要检查换上的单元是否还有异常;

③ 如果发现故障原因是接触不良,可用干净的纯棉布蘸工业酒精擦拭,并把棉丝清除干净,然后装好单元。

例 4-3　转向设备控制。

转向设备将部件按节拍地从一条传送带转到另一条传送带上去,使用双作用气缸,用两端的电磁接近开关控制活塞杆的往复运动。其动作示意图如图 4-46 所示。

通过按下一个按钮,往返运动的气缸活塞杆通过一个定位销带动转盘按节拍转动。按下另一个按钮则停止运动。

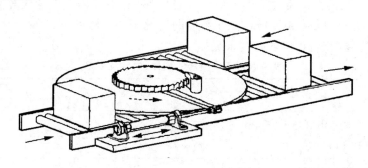

图 4-46　转向设备动作示意图

根据题意,可设计出气动控制回路图和系统功能图,如图 4-47 和图 4-48 所示。

I/O 地址分配:

输入信号　　　　　　　　　输出信号

启动信号 00000　　　　　　YA1　　　01000

停止信号 00001　　　　　　YA2　　　01001

SA1   00002

SA2   00003

根据系统的控制要求和上述的功能图给出系统的梯形图,如图 4-49 所示。

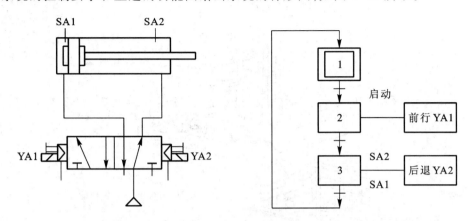

图 4-47　转向设备气动控制回路图　　　　图 4-48　转向设备系统功能图

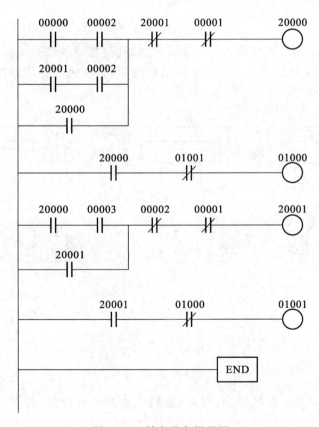

图 4-49　转向设备梯形图

例 4-4　气动打孔机控制系统分析。

某专用打孔机拟采用 PLC 作为其气动控制回路的控制器。打孔机如图 4-50 所示,其动作要求如下：

工件夹紧→钻孔→返回→工件松开→推出工件→准备下一次动作。

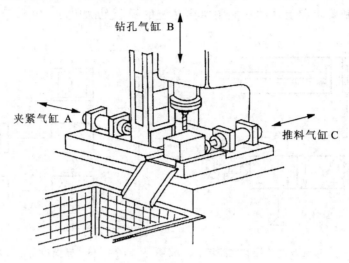

图 4-50　打孔机

（1）系统分析

系统采用三个 DNC 型气缸分别作为夹紧气缸、钻孔气缸以及推料气缸。夹紧气缸由一个双电控电磁阀控制，其余两个分别由一个单电控电磁阀控制，电磁阀选用紧凑型 CPV10 阀岛。气动控制回路图如图 4-51 所示。

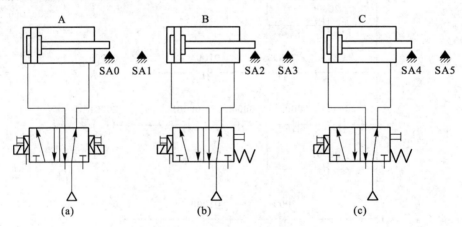

图 4-51　打孔机气动控制回路图

（2）输入信号

① 行程开关　用于夹紧气缸、钻孔气缸、推料气缸的位置检测，每个气缸各采用 2 个 SME型非接触式行程开关。

② 主令按钮　启动、停止各 1 个。

（3）输出信号

控制气缸的电磁阀共 4 个线圈。因此,本系统共为 8 个输入点,4 个输出点。

(4) 可编程序控制器的选用

对于此类小型的单机控制系统,一般采用微型的单元式 PLC。

本例采用 CPM1A-20 微型可编程序控制器,其输入为 12 点,输出为 8 点。

(5) 建立 I/O 地址分配表(表 4-6)

表 4-6 I/O 地址分配表

I/O 地址	符　号	说　　明	I/O 地址	符　　号	说　　明
00000	SA0	气缸 A 退回位置	00006	START	启动
00001	SA1	气缸 A 伸出位置	00007	STOP	停止
00002	SA2	气缸 B 退回位置	01000	YA0	控制气缸 A 伸出
00003	SA3	气缸 B 伸出位置	01001	YA1	控制气缸 A 退回
00004	SA4	气缸 C 退回位置	01002	YA2	控制气缸 B 伸出
00005	SA5	气缸 C 伸出位置	01003	YA3	控制气缸 C 伸出

(6) 功能图

根据系统的控制要求,画出其功能图,如图 4-52 所示。

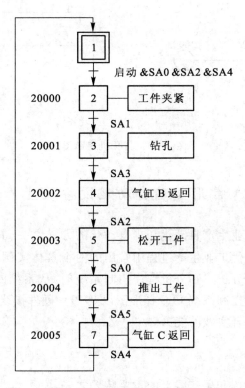

图 4-52 打孔机系统功能图

(7) 编程

根据系统的控制要求和功能图,设计出梯形图如图 4-53 所示。

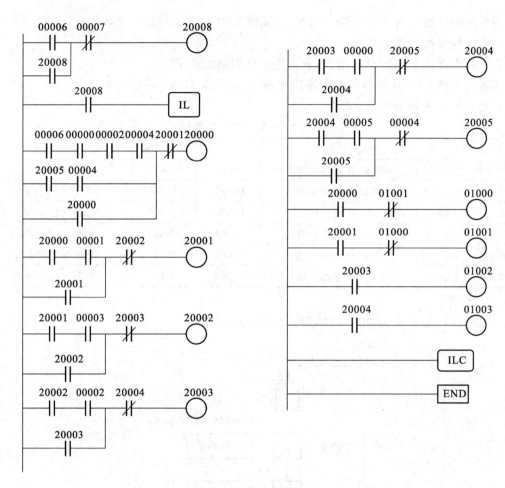

图 4-53 打孔机梯形图

第五节 常用气动自动化设备及生产线实例

气压传动控制是实现工业生产自动化和半自动化的方式之一,其应用遍及国民经济生产的各个部门。本节主要介绍现代工业生产过程中常用的两个具体实例,对实例中气压传动系统的组成和控制系统的维护加以分析。在分析程序控制系统时,从系统的控制要求入手,由功能图、气动控制回路图到气压传动控制系统 PLC 梯形图以及 PLC 硬件接线图,其目的是提高学生分析和理解程序控制系统以及综合实践的能力。

一、气动机械手

机械手是自动化生产设备和生产线上的重要装置之一,它可以根据各种自动化设备的工作需要,按照预定的控制程序动作。因此,在机械加工、冲压、锻造、装配和热处理等生产过程中被广泛用来搬运工件,以减轻工人的劳动强度;也可用来实现自动取料、上料、卸料和自动换刀的功能。气动机械手是机械手的一种,它具有结构简单、质量小、动作迅速、平稳、可靠和节能等优点。

112

图 4-54 是用于某专用设备上的气动机械手的结构示意图。它由四个气缸组成,可在三个坐标平面内工作。A 为夹紧缸,其活塞杆退回时夹紧工件,活塞杆伸出时松开工件。B 为长臂伸缩缸,可实现伸出和缩回动作。C 为立柱升降缸,可实现手臂的上升与下降。D 为回转缸,该气缸有两个活塞,分别装在带齿条的活塞杆两头,齿条的往复运动带动立柱上的齿轮旋转,从而实现立柱及长臂的回转。

1．系统控制要求

（1）自动控制要求

该气动机械手的控制要求是机械手启动后,能从第一个动作开始自动延续到最后一个动作。其要求的动作顺序为:

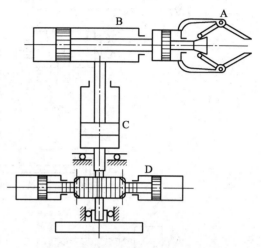

① 初始位置时,立柱在最高端,长臂处于缩回状态,夹紧缸处于松开状态,回转缸处于右端。此时按下启动按钮,机械手立柱下降,直到触动下限位开关。

② 触动下限位开关后,机械手长臂伸开,直到触动伸开限位开关。

③ 触动伸开限位开关后,夹紧缸的活塞退回,夹紧工件,直到触动夹紧限位开关。

④ 触动夹紧限位开关后,机械手长臂缩回,直到触动长臂缩回限位开关。

图 4-54　气动机械手结构示意图

⑤ 触动长臂缩回限位开关后,回转缸顺时针旋转,直到触动左限位开关。

⑥ 触动左限位开关后,机械手立柱上升,直到触动上限位开关。

⑦ 触动上限位开关后,夹紧缸伸出,松开工件,直到触动松开限位开关。

⑧ 触动松开限位开关后,回转缸逆时针旋转,直到触动右限位开关,回到初始位置。

⑨ 随时可用复位信号将系统停下来。

（2）手动控制要求

手动控制主要用于故障检查及调整等场合,该系统的手动控制采用一个调整按钮,按照一定的顺序进行工作,并随时可使其停下来。其动作顺序为:

① 按下调整按钮,机械手开始逆转,触动右限位开关后,停止转动。

② 逆转结束后,机械手向下运动,直到触动下限位开关。

③ 向下运动结束后,长臂前伸,直到触动伸开限位开关。

④ 伸臂结束后,机械手松开工件,直到触动松开限位开关。

⑤ 工件松开后,长臂缩回,触动缩回限位开关停止。

⑥ 手臂缩回后,机械手向上运动,一直回到初始位置。

2．系统分析

系统采用四个 DNC 型气缸分别作为升降气缸、伸缩气缸、夹紧气缸以及回转气缸。每一个气缸均由一个双电控电磁阀控制,电磁阀选用紧凑型 CPV10 阀岛。气动控制回路图如图 4-55 所示。

3．可编程序控制器的选用

（1）输入信号

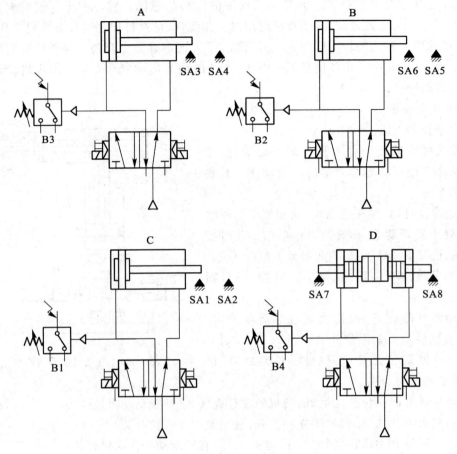

图 4-55　气动机械手气动控制回路图

A—夹紧气缸；B—伸缩气缸；C—升降气缸；D—回转气缸

① 行程开关　用于夹紧气缸、伸缩气缸、升降气缸、回转气缸的位置检测,每个气缸各采用 2 个 SME 型非接触行程开关。

② 压力开关　用于夹紧气缸、伸缩气缸、升降气缸、回转气缸的故障检测,每个气缸各采用 1 个 PEV 型可调压力开关。

③ 主令按钮　用于启动、复位、急停、调整,各 1 个。

（2）输出信号

电磁阀线圈控制气缸的电磁阀,共 8 个线圈。

因此,本系统共为 16 个输入点,8 个输出点。对于此类小型的单机控制系统,一般采用微型的单元式 PLC。本例采用 CPM1A-30 微型可编程序控制器,其输入 18 点,输出 12 点。

4. I/O 地址分配

由系统的控制要求,可确定输入、输出信号的个数。将它们的地址分配如下:

输入信号		输出信号	
启动 SB0	00000	向下运动电磁阀 YA0	01000
复位信号 SB1	00001	向上运动电磁阀 YA1	01001

114

下限位开关 SA1	00002	夹紧电磁阀 YA2	01002
上限位开关 SA2	00003	松开电磁阀 YA3	01003
夹紧限位开关 SA3	00004	伸臂电磁阀 YA4	01004
松开限位开关 SA4	00005	缩臂电磁阀 YA5	01005
伸开限位开关 SA5	00006	顺时针摆动电磁阀 YA6	01006
缩回限位开关 SA6	00007	逆时针摆动电磁阀 YA7	01007
左限位开关 SA7	00008		
右限位开关 SA8	00009		
急停开关 SB2	00010		
升降缸压力开关 B1	00011		
调整开关 SB3	00100		
伸缩缸压力开关 B2	00101		
夹紧缸压力开关 B3	00102		
回转缸压力开关 B4	00103		

5. 功能图

根据系统的控制要求,可画出气动机械手控制系统的功能图,如图4-56所示。

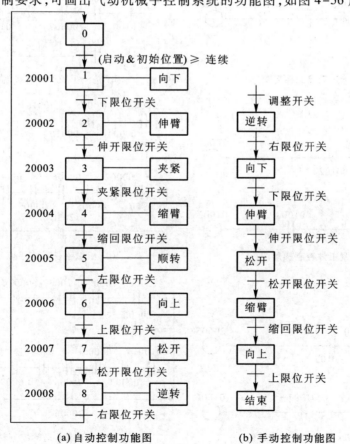

(a) 自动控制功能图　　　　　(b) 手动控制功能图

图 4-56　气动机械手控制系统功能图

6. 画出梯形图

将功能图上的每一步状态用内部继电器表示,每一步控制的输出用输出继电器表示。每一个内部继电器均从三个方面来考虑,即它的启动信号、结束信号和自锁信号。启动信号由上一步为动步及转移条件组成,结束信号为下一步内部继电器,自锁信号为它的本身动合触点。据此可画出气动机械手控制系统的梯形图,如图 4-57 所示。

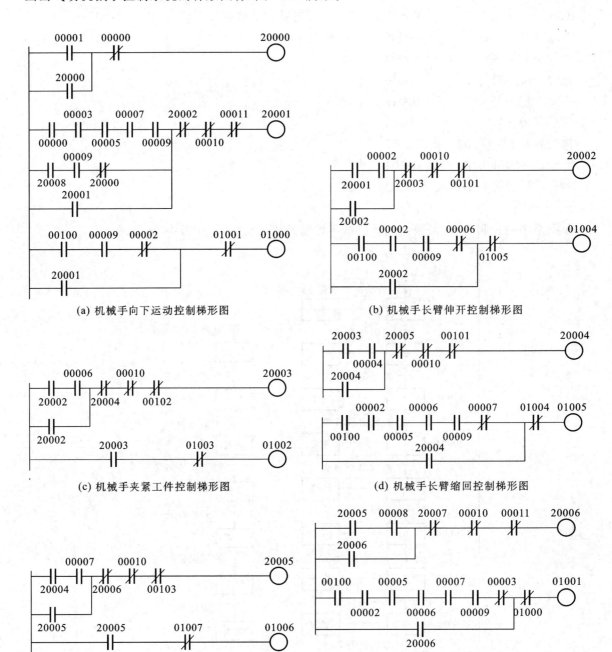

(a) 机械手向下运动控制梯形图

(b) 机械手长臂伸开控制梯形图

(c) 机械手夹紧工件控制梯形图

(d) 机械手长臂缩回控制梯形图

(e) 机械手顺时针旋转控制梯形图

(f) 机械手向上运动控制梯形图

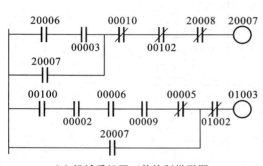

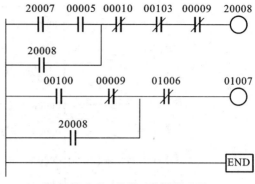

(g) 机械手松开工件控制梯形图　　　　　(h) 机械手逆时针转动控制梯形图

图 4-57　气动机械手控制系统梯形图

7. PLC 硬件接线图

根据系统所用硬件情况,画出硬件接线图如图 4-58 所示。

二、产品传送与分拣控制系统

产品传送与分拣是企业生产过程中经常用到的自动化生产线之一,它可以根据各种产品加工的需要,按照预定的控制程序动作,实现对不同的产品进行分类,减轻工人的劳动强度,完成自动化生产的控制要求。本系统采用气压传动系统,它具有动作迅速、准确、结构简单、安装方便、可靠等一系列优点。

图 4-59 所示为某种工件的传送与分拣自动化生产线的结构示意图,其工作过程可分为两大部分。第一部分是产品的搬运过程,第二部分是产品的分拣过程。在产品的搬运过程中有两个机械手和两个气缸,其中一个是门架型气动机械手,由直线驱动模块(作 Z 轴方向提升/放下手臂功能动作)、两个基础部件(门架型的立柱)与一个无杆气缸(具有脚的功能)组成门的框架结构;它的手指采用真空吸盘,靠吸力吸持住被搬运工件。另一个是立柱型气动机械手,它由两个直线驱动模块(作 X 轴进给/退回,Z 轴放下/提升两个功能动作)和基础部件、摆动气缸(作腕关节功能)及夹紧气缸(也称手指气缸,作手指握紧功能)组成,以完成提升→旋转→抓取→退回→放下的一套循环动作。传送带上的三个气缸用来把工件推送到传送带上。在产品的分拣过程中,通过一个电容传感器检查工件是否为铁磁性物质,由两个光电传感器把工件按高矮进行分类,并且通过三个气缸分别推送到不同的产品箱中,以实现对产品的分类。另外,传送带由一台电动机拖动,由继电器控制回路控制。

1. 系统的控制要求

(1) 工件搬运过程

① 按下启动按钮,此时系统处于工作状态。由光电传感器检测到有工件,门架型气动机械手向下运动,到达预定位置停止。

② 真空吸盘开始吸持工件,经一定时间吸牢。

③ 门架型气动机械手向上运动,到达顶端为止。

④ 门架型气动机械手向前运动,到达最前端。

⑤ 立柱型气动机械手向上运动,到达与被夹持工件同样的高度。

117

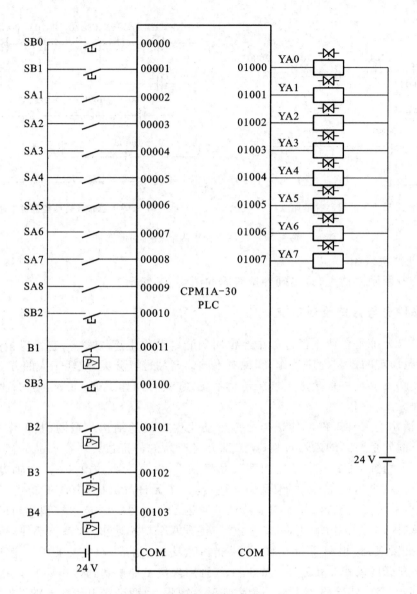

图 4-58　气动机械手 PLC 硬件接线图

⑥ 立柱型气动机械手向前伸开手臂,准备夹工件。

⑦ 立柱型气动机械手夹紧工件。

⑧ 真空吸盘松开工件。

⑨ 真空吸盘回退到初始位置等待下一次工作。同时,立柱型气动机械手顺时针转动,直到预定位置。

⑩ 立柱型气动机械手向下运动,到达工作台指定位置。

⑪ 立柱型气动机械手松开工件。

⑫ 立柱型气动机械手手臂回缩。

⑬ 立柱型气动机械手逆时针转动回到初始位置,等待下一次工作。

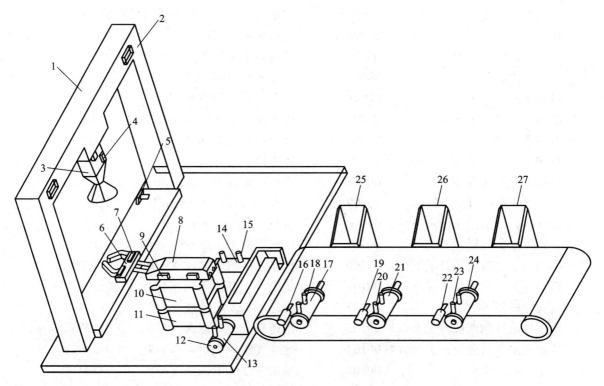

图 4-59　某种工件的传送与分拣自动化生产线结构示意图

1—无杆气缸；2、4、7、9、13、15、18、20、23—限位开关；3—吸盘升降缸；5、16、19、22—光电传感器；6—夹紧缸；
8—手臂伸缩缸；10、11—手臂升降缸；12、14、17、21、24—推送缸；25、26、27—工件箱

⑭ 气缸 12 推送工件，使之与传送带在一条直线上。

⑮ 气缸 14 将工件推送到传送带上。

（2）工件分拣过程

① 电容传感器检测工件是否为铁磁性工件。若是，推送到相应的工件箱 25 中。

② 光电传感器 19 检测工件是否为高度 H_1 的工件。若是，推送到相应的工件箱 26 中。否则推送到工件箱 27 中。

随时按下停止按钮，可立即使系统停下来。

2．系统分析

本系统采用了五个 DNC 型气缸分别作为门架型机械手的吸盘升降缸、前后移动缸和立柱型气动机械手手臂升降缸、手臂伸缩缸和夹紧缸，它们均由双电控电磁阀控制。还有五个 DNC 型气缸作为推送缸，它们均由单电控电磁阀控制。摆动气缸选用 DRQ 型，其控制选用双电控电磁阀。真空吸盘选用 VASB 系列波纹吸盘，其控制选用双电控电磁阀，要求采用弹性密封结构，能用于真空系统，如 MFH、MVH 及 ISO 阀等。一般电磁阀可选用紧凑型 CPV10 阀岛。

3．I/O 地址分配

根据系统的控制要求，可确定输入、输出信号的个数，将它们的地址分配如下：

输入信号		输出信号	
启动按钮 SB1	00000	推送气缸 5 后限位开关 SA18	00110
停止按钮 SB2	00001	光电传感器 HK3	00111
吸盘前限位开关 SA1	00002	吸盘向下电磁阀 YA0	01000
吸盘后限位开关 SA2	00003	吸盘向上电磁阀 YA1	01001
吸盘下限位开关 SA3	00004	吸盘吸持工件电磁阀 YA2	01002
吸盘上限位开关 SA4	00005	吸盘松开工件电磁阀 YA3	01003
机械手伸臂限位开关 SA5	00006	吸盘前行电磁阀 YA4	01004
机械手缩臂限位开关 SA6	00007	吸盘回退电磁阀 YA5	01005
机械手上限位开关 SA7	00008	机械手伸臂电磁阀 YA6	01006
机械手下限位开关 SA8	00009	机械手缩臂电磁阀 YA7	01007
推送气缸 1 前限位开关 SA9	00010	机械手向上电磁阀 YA8	01100
推送气缸 1 后限位开关 SA10	00011	机械手向下电磁阀 YA9	01101
推送气缸 2 前限位开关 SA11	00100	机械手夹紧电磁阀 YA10	01102
推送气缸 2 后限位开关 SA12	00101	机械手松开电磁阀 YA11	01103
电容传感器 BC	00102	推送气缸 1 电磁阀 YA12	01104
推送气缸 3 前限位开关 SA13	00103	推送气缸 2 电磁阀 YA13	01105
推送气缸 3 后限位开关 SA14	00104	推送气缸 3 电磁阀 YA14	01106
光电传感器 HK1	00105	推送气缸 4 电磁阀 YA15	01107
推送气缸 4 前限位开关 SA15	00106	推送气缸 5 电磁阀 YA16	01200
推送气缸 4 后限位开关 SA16	00107	摆动气缸顺摆电磁阀 YA17	01201
光电传感器 HK2	00108	摆动气缸逆摆电磁阀 YA18	01202
推送气缸 5 前限位开关 SA17	00109		

4．PLC 硬件接线图(图 4-60)

5．功能图

根据给出的控制要求和实际工作过程,可画出工件传送与分拣系统的功能图。将系统的功能图分成三部分,即气缸推送工件到传送带功能图、机械手搬运工件功能图、工件分拣功能图。

① 气缸推送工件到传送带的功能图(图 4-61)。

② 机械手搬运工件的功能图(图 4-62)。

③ 工件分拣功能图(图 4-63)。

6．编程

根据上面所画出的功能图,参考前面叙述的程序设计的基本方法,设计出系统程序,由于篇幅的限制,在此仅给出梯形图(图 4-64),关于助记符指令表,请读者自行分析。

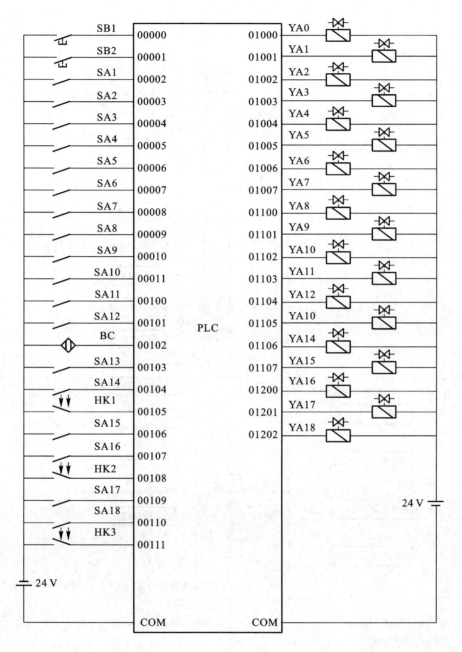

图 4-60　工件传送与分拣自动化生产线 PLC 硬件接线图

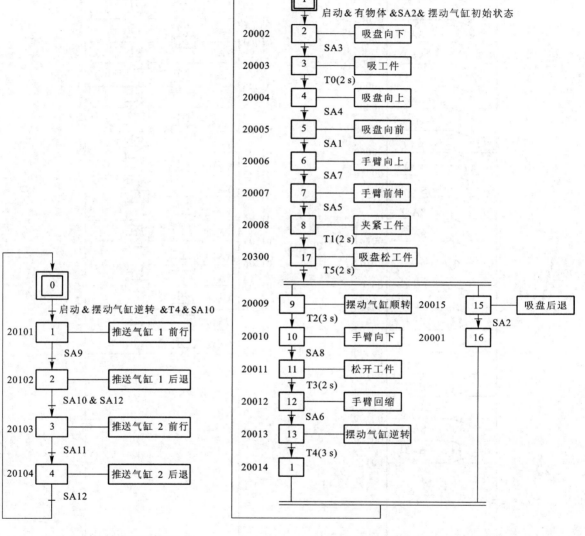

图 4-61　气缸推送工件到
传送带的功能图

图 4-62　机械手搬运工件的功能图

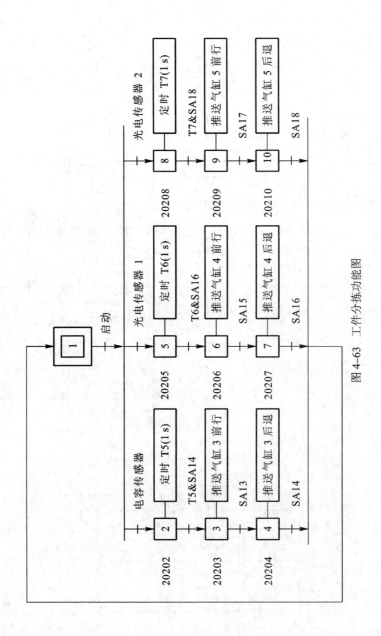

图 4-63　工件分拣功能图

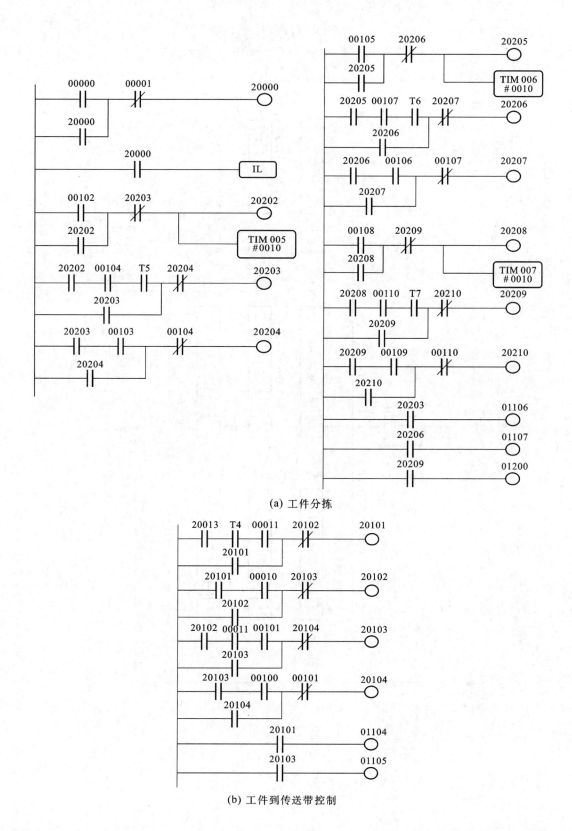

(a) 工件分拣

(b) 工件到传送带控制

124

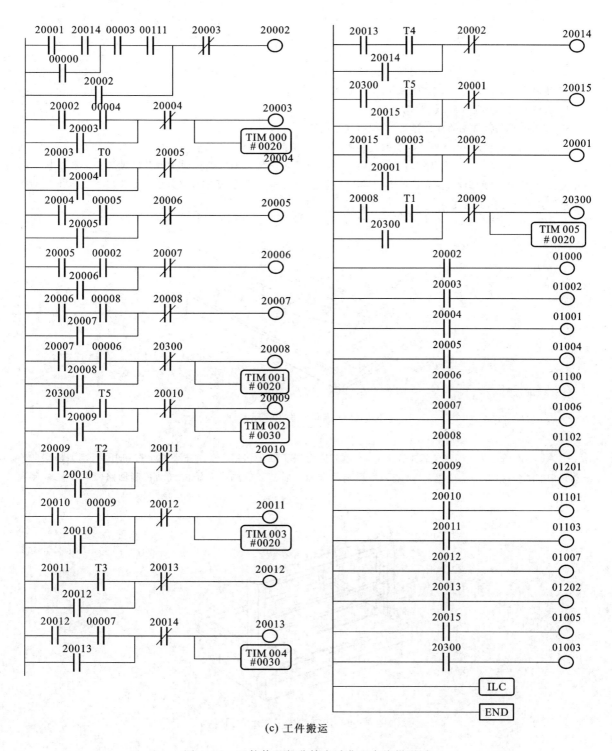

(c) 工件搬运

图 4-64 工件传送与分拣自动化生产线梯形图

习　题　四

1. 简述普通型单作用、双作用气缸的工作原理。

2. 简述电磁阀控制换向原理。

3. 举例说明几种常见的接近开关,并说明其工作原理。

4. 说出在自动控制中,与电气控制系统相比,PLC 控制系统具有哪些优点?

5. 图 4-65 所示为一转向装置,用这种转向装置,能使传送带上的部件定向排列并继续传送。要求按下按钮开关,气缸活塞杆使部件转到正确的方位并继续传送;松开按钮开关,活塞杆恢复到原始位置。试画出气动控制回路图和电气控制线路图。

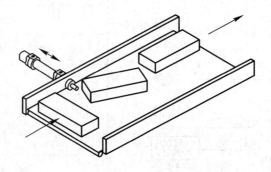

图 4-65　转向装置工作示意图

6. 图 4-66 所示为一切割装置工作示意图,该装置常用于纸张切割。要求按下两个按钮开关,割刀横梁向前推动并切割纸张;松开一个按钮开关,割刀横梁则回到原来状态。试画出系统的气动控制回路图和电气控制线路图。

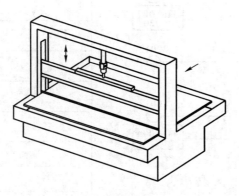

图 4-66　切割装置工作示意图

7. 移动台如图 4-67 所示,用这个移动台将木板推送到一个带式磨床下面。要求按下一个按钮开关,气缸将上面放有木板的移动台推到带式磨床下面,按下另一个按钮开关,则使移动台回到初始位置。试画出系统的气动控制回路图,并用 PLC 设计程序完成控制要求。

126

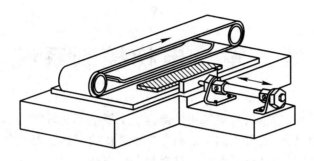

图 4-67　移动台工作示意图

8. 全气动钻床是一种利用气动钻削头完成主体运动(主轴的旋转)、再由气动滑台实现进给运动的自动钻床。该气动钻床气压传动要求的顺序为:

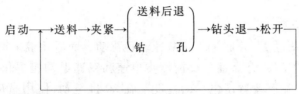

试画出上述气动钻床控制系统的气动控制回路图,并画出 PLC 的梯形图。

9. 试举例说明压力继电器在气动系统中的应用。

10. 试说明串联回路、并联回路、自保持回路在气动系统中的应用。

11. 试用电气控制元件构成自保持、时间延迟回路,并简述其动作原理。

12. 激光切割机的输入夹具控制工作示意图如图 4-68 所示。将一块厚 0.6 mm 的不锈钢片用手放到输入夹具中。按下按钮开关,推出气缸(2.0)在排气节流情况下回程,与此同时,夹紧气缸(1.0)也在排气节流情况下作前向运动,将不锈钢片推进并夹紧。

经过 5 s 后,激光切割机已将钢片制成细筛,这时,夹紧气缸(1.0)在无节流情况下回程,随后,推出气缸将制成的细筛迅速推出。试画出气动控制回路图,并画出 PLC 梯形图进行控制。

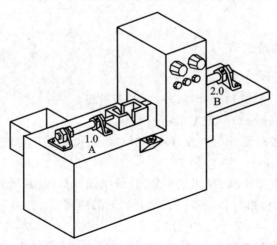

图 4-68　激光切割机输入夹具工作示意图

第五章 电梯控制系统

随着现代化城市的高速发展,为建筑物内部提供上下交通运输的电梯迅速发展起来。电梯不仅是生产运输的主要设备,更是人们生活和工作中必备的工具。现代电梯是机械技术、电气技术紧密结合的大型复杂产品,在机电产品中非常具有代表性。

第一节 电梯概述

一、电梯的发展

最初的电梯以蒸汽为动力,并通过蜗轮减速装置驱动。而后相继生产出水压梯、液压梯。20世纪初,随着电机技术的发展,开始使用交流异步单速和双速电动机提供动力的交流电梯,特别是交流双速电梯的出现,显著改善了电梯的性能。在 20 世纪初,使用直流电动机为电梯提供动力,直流电动机技术为后来的高速度、高行程电梯的发展奠定了基础。20 世纪 80 年代以后,交流调速系统性能的提高使交流电梯的运行性能大为改善,加上交流电动机的构造及经济性都优于直流电动机,交流电梯取代了直流电梯。

电梯、手扶梯、自动人行道等都属于起重运输设备。电梯是指用电力拖动,在垂直或垂直方向倾斜角不大于 15°的两根导轨之间,运送乘客或货物的固定式运输设备。为适应现代高层建筑对电梯的要求,电梯无论在结构上、特性上还是功能上都发生了很大的变化。电梯越来越结构紧凑、精巧、坚固、美观及实用。先进控制技术的使用使电梯在运行过程中具有安全可靠、快速、准确、平稳舒适等特性。采用微机控制技术,对电梯实行并联控制、群体控制及人工智能控制,保证了电梯的高效运行。

二、电梯的主要参数及型号

1. 电梯的主要参数
① 额定载重量(kg) 制造和设计规定的电梯载重量。
② 轿厢尺寸(mm×mm×mm) 宽度×深度×高度。
③ 轿厢形式 有单或双面开门以及对轿顶、轿底、轿壁的处理,颜色的选择,对电风扇、电话的要求及其他特殊要求等。
④ 轿门结构形式 有栅栏门、封闭式中分门、封闭式双折门、封闭式双折中分门等。
⑤ 开门宽度(mm) 轿厢门和层楼门完全开启时的净宽度。
⑥ 开门方向 有右开门、左开门、中分门。
⑦ 曳引方式 常用的有半绕 1∶1 传动、半绕 2∶1 传动、全绕 1∶1 传动。
⑧ 额定速度(m/s) 制造和设计所规定的电梯运行速度。
⑨ 电气控制系统 包括控制方式、拖动系统的形式等。

⑩ 停站层数（站）　凡在建筑物内各层楼用于出入轿厢的地点均称为站。

⑪ 提升高度（mm）　由底层端站层面至顶层端站层面的垂直距离。

⑫ 井道高度（mm）　由井道底面至机房楼板或隔音层楼板下最突出构件的垂直距离。

⑬ 井道尺寸（mm×mm）　宽度×深度。

2. 国产电梯型号的表示

1986 年我国颁布的 JJ 45—1986《电梯、液压梯产品型号编制方法》中，对电梯型号的编制方法作了规定：电梯、液压梯产品的型号由其类、组，主参数和控制方式等三部分组成。

第一部分是类、组、型和改型代号。类、组、型代号用具有代表意义的大写汉语拼音字母表示，产品的改型代号按顺序用小写汉语拼音字母表示，置于类、组、型代号的右下方。

第二部分是主参数代号，其左上方为电梯的额定载重量，右下方为额定速度，中间用斜线分开，均用阿拉伯数字表示。

第三部分是控制方式代号，用具有代表意义的大写汉语拼音字母表示。

电梯产品型号如图 5-1 所示。

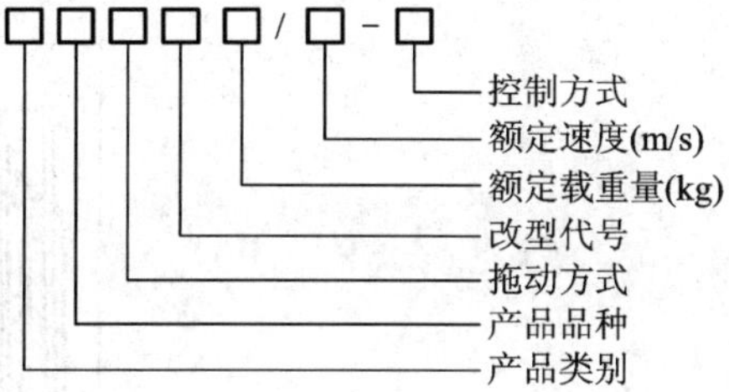

电梯产品类别代号为 T，表示电梯和液压梯。

产品品种代号：K 为乘客电梯，H 为载货电梯，L 为客货两用梯，B 为病床电梯，Z 为住宅电梯，W 为杂物电梯，C 为船用电梯，G 为观光电梯，Q 为汽车用电梯。

拖动方式代号：J 为交流拖动，Z 为直流拖动，Y 为液压拖动。

控制方式代号：SZ 为手柄开关控制、自动门；SS 为手柄开关控制、手动门；AZ 为按钮控制、自动门；AS 为按钮控制、手动门；XH 为信号控制；JX 为集选控制；BL 为并联控制；QK 为梯群控制。

图 5-1　电梯产品型号

如电梯产品型号为 TKJ1000/2.5-JX，表示交流调速乘客电梯，额定载重量 1 000 kg，额定速度为 2.5 m/s，为集选控制。

三、电梯的基本结构

电梯的基本结构包括机房、井道、层楼门、轿厢等部分，如图 5-2 所示。

机房一般位于井道的最上端，是电梯的指挥控制中心，装有动力设备曳引电动机、系统控制柜和信号柜，以及限速器、减速箱、导向轮、极限开关、选层器、电源接线板等。机房必须具有良好的通风条件和照明设备，以便于使用和维修。

井道是轿厢上下运行的空间，装有导轨、对重、缓冲器、限位开关、平层感应器或井道传感器、随行电缆和接线盒、平衡钢丝绳或平衡链等。

轿厢是电梯的主要部件，是装载乘客和货物的装置。轿厢上的主要部件有操纵箱、轿内指层装置、自动开关门机、安全触板、安全钳、轿顶安全窗、超载装置等。

层楼门是设置在各层站入口的门，它由层楼门门锁、楼层指示灯、厅外召唤按钮装置等组成。

电梯的部件很多，可分为机械装置和电气装置两大部分，将在本章第二节和第三节详细介绍。

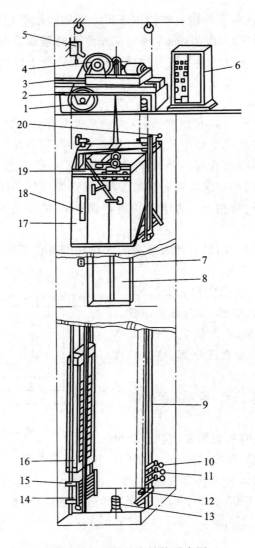

图 5-2　电梯基本结构示意图

1—导向轮;2—限速器;3—承重梁;4—曳引机;5—极限开关;6—控制柜;7—召唤按钮箱;
8—层楼门;9—轿厢导轨;10—限位开关;11—基站厅外开关门控制开关;
12—限速器张紧装置;13—缓冲器;14、16—对重;15—防护栅栏;
17—轿厢;18—操纵箱;19—自动开关门机;20—换速平层感应器

第二节　电梯的机械装置

一、轿厢

　　轿厢是用于装载乘客或货物的电梯组成部分,它在曳引钢丝绳的牵引作用下,沿敷设在电梯井道中的导轨,做垂直的快速、平稳运行。电梯轿厢一般由轿底、轿壁、轿顶、轿厢架等几个主要构件组成,如图 5-3 所示。

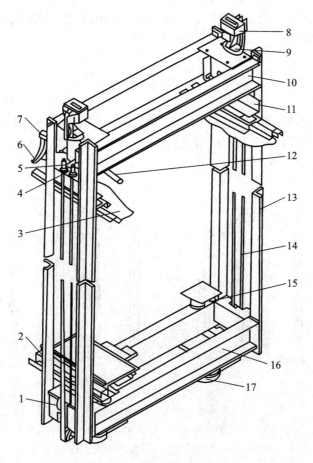

图 5-3　轿厢结构示意图

1—安全钳;2—轿底;3—轿顶;4—操作轿拉杆;5—安全开关打板;6—限位器拉杆;7—止动弯件;
8—润滑装置;9—导靴;10—上梁;11—轿顶压板;12—操纵轴;13—直梁;
14—安全钳拉条;15—防振元件;16—下梁;17—缓冲器

1. 轿底

轿底用槽钢按设计要求的尺寸焊接成框架,然后在框架上铺设一层钢板或木板制造而成。高级客梯轿厢多设计成活络轿厢,这种轿厢的轿顶、轿底与轿厢架之间不用螺栓固定。

2. 轿壁

轿壁多采用薄钢板制成槽钢形状,壁板的两头分别焊接一根角钢作堵头。轿壁间以及轿壁与轿顶、轿底间多采用螺钉紧固成一体,壁板长度和宽度与电梯类型及轿壁结构有关。为了提高壁板的机械强度,减少电梯运行噪声,往往在壁板背面点焊上矩形加强肋。大小不同的轿厢用数量和宽度不等的壁板拼装而成。

3. 轿顶

轿顶结构与轿壁相仿。轿顶装有照明灯、排风扇等,有的电梯装有安全窗以备应急之用。轿顶应能支撑带常用工具的三个抢修人员的重量,且应具有一块足够站人的空间。如果有轿顶轮固定在轿厢架上,应设置有效的防护装置,以避免绳与绳槽间进入杂物或悬挂钢丝绳松弛时脱离绳槽,危害检修人员的安全。

二、门系统

1. 门系统的组成

门系统由电梯门(层楼门和轿厢门)、自动开关门机构、门锁、层楼门联动机构及安全装置等构成。客梯的层楼门与轿厢门均采用封闭式门。电梯门可分为中分式、旁开式及闸门式等。

电梯门的基本结构如图 5-4 所示。

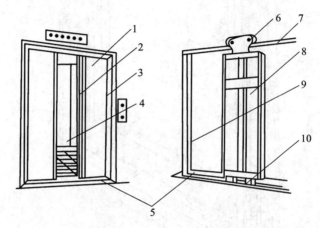

图 5-4　电梯门结构示意图

1—门厅门;2—轿厢门;3—门套;4—轿厢;5—门地坎;6—门滑轮;
7—层楼门导轨;8—门扇;9—门厅门框立柱;10—门滑块

由图 5-4 可见,电梯门由门扇、门套、门滑轮、门导轨等组成。轿厢门由门滑轮悬挂在轿厢门导轨架上,下部通过门滑块与轿厢门地坎配合,层楼门由门滑轮悬挂在层楼门导轨上,下部通过门滑块与层楼门地坎配合。门导轨对门扇起导向作用,门地坎是进出的踏板,并在开关门时起导向作用。在每个门扇上装有两只门滑块,它们的一部分插入门地坎的小槽内,使门在开关过程中,只能在预定的垂直面上运行。

2. 自动开关门机构

电梯门的开启与关闭是由自动开关门机构带动实现的。自动开关门机构是由小功率的直流电动机或三相交流电动机带动的具有快速,平稳开、关门特性的机构,如图 5-5 所示。根据开、关门方式不同,自动开关门机构分为两扇中分式、两扇旁开式及交栅式。层楼门是被动门,由轿厢门带动,层楼门门扇之间的联动需要专门的联动机构来完成。

3. 门锁

门锁是电梯门系统中的重要安全部件,一般位于层楼门的内侧,在门关闭后,一般使用层门钩子锁将门锁紧,防止从层楼门外将门扒开出现危险,同时接通机电联锁电路,接通后电梯方能起动运行,从而保证电梯的安全。层门钩子锁如图 5-6 所示。

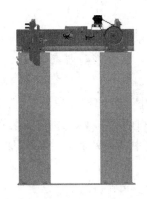

图 5-5　自动开关门机构示意图

图 5-6　层门钩子锁

三、对重系统

对重系统也称重量平衡系统,位于井道内,通过曳引绳经曳引轮与轿厢连接,它包括对重及平衡补偿装置。在电梯运行过程中,对重在对重导轨上滑行,起平衡轿厢自重及载重的作用,从而大大减轻曳引电动机的负担。而平衡补偿装置则是为电梯在整个运行中平衡变化时设置的补偿装置。对重系统如图 5-7 所示。

对重包括对重架和对重铁两部分。对重架用槽钢或用 3~5 mm 厚的钢板折压成槽钢形式后和钢板焊接而成。使用场合不同,对重架的结构形式也不同;电梯的额定载重量不同时,对重架所用的型钢或钢板的规格也不同。用不同规格的型钢作对重架直梁时,必须用与型钢槽口尺寸相对应的对重铁。对重如图 5-8 所示。

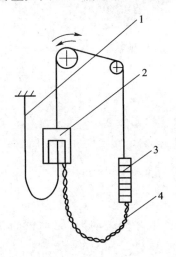

图 5-7　对重系统示意图
1—电缆;2—轿厢;3—对重;4—平衡补偿装置

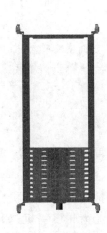

图 5-8　对重示意图

四、导向系统

导向系统包括轿厢导向系统和对重导向系统,由导轨架、导轨及导靴等组成,如图 5-9 所示。

导轨是电梯导向系统的重要部件,它限定了轿厢与对重在井道中的相互位置,确保轿厢和对重在预定位置做上下垂直运行。每台电梯具有两根轿厢导轨和两根对重导轨。导轨是由多根 3 m 或 5 m 长的短导轨经连接板连接而成的,起始段支撑在地坑中的支承板上。导轨加工生产和安装质量的好坏,直接影响电梯的运行效果和乘坐舒适度。

导轨架是导轨的支撑部件,它固定在井道壁上,每根导轨上至少应设两个导轨架,各导轨架之间的距离应不大于 2.5 m。

导靴安装在轿厢和对重架两侧,是保证轿厢和对重沿导轨垂直运行的装置。常用的有滑动导靴和滚轮导靴两种,如图 5-10 所示。

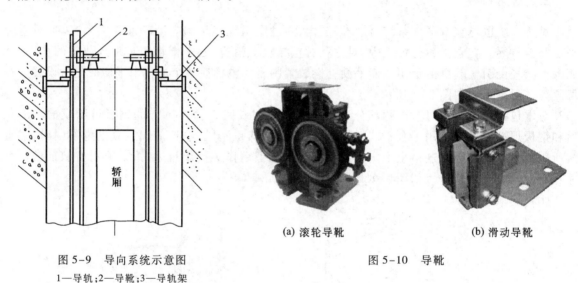

图 5-9 导向系统示意图
1—导轨;2—导靴;3—导轨架

(a) 滚轮导靴　　　　(b) 滑动导靴

图 5-10 导靴

五、曳引系统

曳引系统由曳引机、曳引轮、导向轮等组成。

1. 曳引机

曳引机是电梯的主要拖动机械,其作用是产生并传送动力,驱动轿厢和对重上下运行,分为有齿轮曳引机和无齿轮曳引机,如图 5-11 所示。

无齿轮曳引机一般由调速性能良好的交、直流电动机提供动力,由于没有机械减速机构,其传动效率高,噪声小,传动平稳,结构简单,能适应电梯工作特性的需要,用于高速和超高速电梯。

有齿轮曳引机多用于速度小于 2 m/s 的电梯上,为减小运行噪声和提高平稳性,一般采用蜗轮作减速传动装置。它由曳引电动机、制动器及减速器等组成。

曳引电动机的制动使用电磁制动器(闭式电磁制动器)。电磁式直流制动器由直流抱闸线圈、闸瓦、闸瓦架、制动轮、抱闸弹簧等组成,如图 5-12 所示。

(a) 无齿轮曳引机　　　　　　(b) 有齿轮曳引机

图 5-11　曳引机

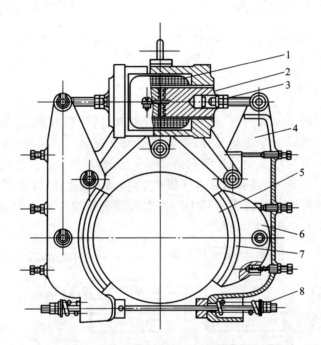

图 5-12　电磁式直流制动器
1—直流抱闸线圈;2—电磁铁心;3—调节螺母;4—闸瓦架;
5—制动轮;6—闸瓦;7—闸皮;8—抱闸弹簧

电磁制动器是电梯机械系统的主要安全设施之一,安装在电动机轴与蜗杆轴相连的制动轮处,当电动机接通时松闸,而当电动机断电即电梯停止时抱闸制动。

减速器通常采用蜗轮、蜗杆减速器,作用是降低曳引机输出转速、增加输出转矩。蜗轮、蜗杆外形如图 5-13 所示。

2. 曳引轮

曳引轮是挂曳引钢丝绳的轮子,通过曳引轮与钢丝绳之间的摩擦力(即牵引力)带动轿厢与对重运行。曳引轮装在减速器中的蜗轮轴上,若是无齿轮曳引机,则装在制动器旁边,与电动机轴、制动器轴在同一轴线上。曳引轮如图 5-14 所示。

3. 导向轮

导向轮安装在曳引机机架上或承重梁上,使轿厢与对重保持最佳相对位置,以避免两者在运动中发生相互碰撞。导向轮如图 5-14 所示。

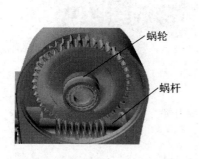

图 5-13　减速器的蜗轮和蜗杆

图 5-14　曳引轮和导向轮

六、机械安全保护装置

电梯可能发生的故障有轿厢失控、超速运行、终端越位、冲顶或蹲底、非正常停止、关门障碍等。现代电梯都设有完善的安全保护系统,以防止任何不安全的情况发生,电梯的安全保护系统包括机械安全保护装置和电气安全保护装置两部分。机械安全保护装置除制动器、层楼门和轿厢门、安全触板、层楼门门锁外,还有轿顶安全栅栏、安全窗、限速器、安全钳、缓冲器等。图 5-15 为电梯安全保护装置主要动作示意图。其中的典型装置有机械限速装置、缓冲装置及端站保护装置等。

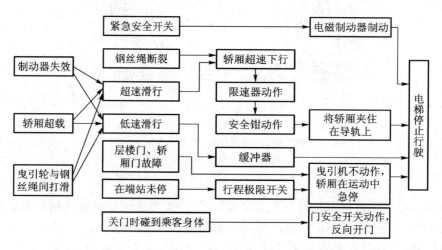

图 5-15　电梯安全保护装置主要动作示意图

1. 机械限速装置

机械限速装置是防止轿厢和对重超速或失控时意外坠落的安全设施之一,由限速器与安全钳组成。限速器安装在电梯机房楼板上,在曳引机的一侧,安全钳则安装在轿厢架上底梁两端。

限速器的作用是检测并控制轿厢(对重)的实际运行速度,当速度达到限定值(一般为额定速度的115%以上)时能发出信号并产生机械动作,切断控制电路或迫使安全钳动作。限速器由限速器体、钢丝绳、胀紧装置等组成,如图5-16所示。

安全钳的作用是当超速或出现意外情况时,受限速器操纵,以机械动作将轿厢强行制停在导轨上。安全钳需要两组,对应地安装在与两根导轨接触的轿厢外两侧下方处,只有在轿厢或对重下行时才起保护作用。安全钳如图5-17所示。

(a) 瞬时式安全钳

(b) 渐进式安全钳

图5-16　限速器示意图　　　　　　　　图5-17　安全钳

2. 端站保护装置

端站保护装置是为了防止电梯因电气控制系统失灵,超越上下规定位置而设置的。它一般由强迫减速开关、终端限位开关和极限开关组成,实际上它们是轿厢或对重撞击缓冲器之前的安全保护开关,如图5-18所示。

(a) 终端限位开关

(b) 强迫减速开关

图5-18　安全保护开关

3. 缓冲器

缓冲器在电梯发生蹲底的情况下,起缓冲减振作用,避免轿厢和对重蹲底,形成严重事故,保护乘客和设备的安全。缓冲器安装在电梯井道的底坑内,位于轿厢和对重的正下方,如图5-19所示。

缓冲器一般安装三个,对应于轿厢架下梁缓冲板的两个缓冲器称轿厢缓冲器,对应于对重架缓冲板有一个缓冲器称对重缓冲器。同一台电梯的缓冲器其规格结构应相同。

缓冲器有弹簧缓冲器和液压缓冲器,如图5-20所示。弹簧缓冲器受到冲击时,依靠弹簧的变形来吸收轿厢或对重的动能,多用于低速度电梯。液压缓冲器是以液体作为缓冲介质来吸收轿厢或对重动能的缓冲器,它的结构比弹簧缓冲器复杂,多用于快速和高速电梯。

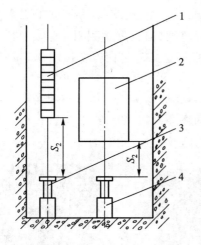

(a) 弹簧式　　　　　　(b) 液压式

图 5-19　缓冲器设置示意图　　　　　　　　图 5-20　缓冲器
1—对重;2—轿厢;3—对重缓冲器;4—轿厢缓冲器

第三节　电梯的电气装置

一、电梯操纵控制系统的电气装置

电梯操纵控制系统是指对电梯运行实行操纵和监控的系统。操纵内容包括电梯的起、停、定向、选层等。

1. 操纵装置

操纵装置是电梯司机或乘客控制电梯上下运行的操作控制中心,包括轿内操纵指令控制板和厅外召唤指令控制板。轿内操纵指令控制板用来发送轿内指令任务,命令电梯起动和停层靠站及显示电梯运行方向和所在位置。轿内操纵指令控制板如图 5-21 所示,包括轿内指令按钮、开/关门按钮、显示指层装置等。

厅外召唤指令控制板是为在厅外准备乘梯的人员提供的召唤电梯的装置,它有上行和下行按钮,还可显示电梯目前的位置和运行方向。但上下两端站均为单钮,即下端站只装设一只下行召唤按钮,上端站只装设一只上行召唤按钮。

2. 检修开关箱

检修开关箱位于机房电气控制柜上及轿顶上,用于检修人员安全、可靠、方便地检修电梯。检修开关箱装设的电器元件一般包括控制电梯慢上、慢下的按钮,点动开关门按钮,急停按钮,轿顶正常运行和检修转换开关,轿

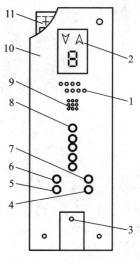

图 5-21　轿内操纵指令控制板
1—轿内召唤下行位置指示灯;
2—轿内召唤下行箭头;3—暗盒;4—慢下按钮;
5—慢上按钮;6—开门按钮;7—关门按钮;
8—轿内指令按钮;9—蜂鸣器;10—面板;11—盒

顶检修灯开关等。检修开关箱如图 5-22 所示。

(a) 轿顶检修开关箱   (b) 轿底检修开关箱

图 5-22　检修开关箱

3. 换速平层装置

换速平层装置是电梯快到达预定停靠站时,提前一定距离把快速运行切换为平层前慢速运行,并实现平层时自动停靠的控制装置。

20 世纪 80 年代中期以来,国内的电梯生产厂家开始采用双稳态磁性开关(简称双稳态开关)作为电梯换速平层的器件。换速平层装置由位于轿顶上的双稳态开关和位于井道的圆柱形磁头构成。双稳态开关的结构如图 5-23 所示。

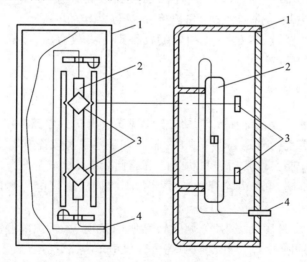

图 5-23　双稳态开关结构
1—外壳;2—干簧管;3—方块磁铁;4—引出线

图 5-23 中两个方块磁铁的 N 极和 S 极构成一个闭合的磁场回路,类似于两个电池顺向串接成的电路。两个方块磁铁构成的磁场的磁场力用于克服干簧管内触点的弹力,使干簧管触点维持断开或闭合中的某一状态。电梯在上下运行中,当双稳态开关接近或路过磁头时,磁头 N 极和 S 极之间的磁场与两个方块磁铁构成的磁场叠加,使干簧管的触点改变状态,以此来控制

电路。

两个方块磁铁的 N 极和 S 极所构成的磁场强度,与单个方块磁铁的磁场强度及两个方块磁铁的距离有关,如果构成的磁场强度太强,接近或路过磁头时干簧管的触点状态不会变化,如果太弱则不能使触点维持变化后的状态。因此双稳态开关对方块磁铁、干簧管、磁头、安装位置、尺寸等的质量要求都是比较严格的。

实际使用过程中,双稳态开关与磁头的距离应控制在 6 ~ 8 mm 之间。当电梯向上运行时,双稳态开关接近或路过磁头的 S 极时动作,接近或路过 N 极时复位。反之电梯向下运行时双稳态开关接近或路过磁头的 N 极时动作,接近或路过 S 极时复位,以此输出电信号,实现控制电梯到站提前换速和平层停靠。

4. 选层器

选层器设置在机房或隔音层内,是模拟电梯运行状态,向电气控制系统发出相应电信号的装置。客梯的选层器具有层楼指示器的作用,还能自动消除轿内指令登记信号并根据内外指令登记信号自动决定电梯运行方向,到达停站位置发出减速和开门信号。选层器的使用大大简化了电梯操纵控制系统的结构,是电梯集选控制系统中的重要元件。

5. 控制柜

控制柜是电梯电气控制系统完成各种主要任务,实现各种性能的控制中心。控制柜由柜体和各种控制电器元件组成。控制柜中装配的电器元件,其数量和规格主要与电梯的

图 5-24 控制柜

停层站数、额定载荷、速度、控制方式、曳引电动机类别等参数有关,不同参数的电梯采用的控制柜不同。控制柜如图 5-24 所示。

二、电气安全保护装置

电气安全保护装置是指在电梯控制系统中实现安全保护的电路及电器元件。电气安全保护装置与机械安全保护装置同样是必不可少的,而且有一些机械安全保护装置往往需要和电气部分的功能配合和联锁才能实现其动作和功效的可靠性。

根据电梯类型的不同,电气安全保护装置也各不相同。现代电梯常用电气安全保护装置通常包括:

① 电梯主开关 设置在机房内,可切除轿厢照明及通风、轿顶电源插座、机房内电源插座、火灾报警、机房和滑轮间照明以及井道照明等全部供电电路。

② 门关闭后电梯方可开动的联锁保护 电梯必须在各层的层楼门和轿厢门关闭后方可运行。

③ 近门保护 电梯门安全触板带动联锁开关或光电传感器、感应式近门传感器控制开关门电机,防止电梯夹人、夹物。

④ 超速下降时的保护 电梯一旦超速,会造成失控等事故,严重危害乘客的安全,所以必须严格保证电梯不能超速。当电梯超速达 115% 时,限速器上的第一个开关动作,使电梯自动减速。当超速达到 140% 时,限速器上第二个开关动作,切断控制回路使电梯停止运行,同时,机械

结构使限速器钢丝绳卡死不动,轿厢安全钳作用把轿厢卡在导轨上,与其联锁的开关动作,使电梯的直流与交流控制电路电源断开,强令电梯立即停下来,并在开关未复位前电梯无法开动。

⑤ 轿厢超载保护装置 当电梯所载乘客或货物超过电梯的额定载重量时,就可能造成超载失控,引起电梯超速降落。压磁式或杠杆式称重装置可用做电梯超载保护,当轿厢超载时,能发出警告信号并使轿厢不能起动运行,避免发生事故。

⑥ 终端保护 在电梯的上、下两个端站,除设置正常的触发停层装置外,还分别在上、下端站设置了强迫减速和停层装置,以保证电梯不致发生冲顶和蹲底事故。一般用行程开关作为电梯运行端站减速开关、端站限位保护开关和极限开关。

⑦ 安全窗 安全窗打开时,限位开关的动合触点断开,切断控制电源,此时电梯不能运行。当轿厢因故障停在两层楼中间时,司机可通过安全窗从轿顶以安全措施找到层门。

⑧ 缺相、错相保护 当供给电梯用电的电网系统由于检修人员的不慎而造成三相动力线的相序改变,就会使电梯原定运行方向改变,这样就会给电梯运行带来极大的危害。另外电梯的曳引电动机在电源缺相的情况下不正常运转会导致电动机烧损。为防止这些情况出现,在电梯控制系统中设置了缺相、错相保护继电器。

⑨ 短路、过载保护 电梯的控制系统也同其他的电气设备一样,用不同容量的熔断器进行短路保护。用热继电器对曳引电动机进行过载保护,也可用埋藏在电动机(或主变压器)绕组中的热敏电阻(或热敏开关)进行保护,即过载发热而引起的阻值变化量经放大器放大,使微型继电器吸合,断开其串接在安全保护回路中的动断触点,从而切断电梯的全部控制电路,强令电梯停止运行,从而保护电动机不被烧坏。也可选用合适的带有失压、短路、过载等保护功能的断路器作为电梯电源的主控制开关,在这些故障情况下能迅速切断电梯总电源。

⑩ 接地保护 电梯所有电气设备的金属外壳均应保护接地,防止在电梯操纵控制过程中发生触电事故。

⑪ 急停开关 也称安全开关,是串接在电梯控制线路中的一种不能自动复位的手动开关,当遇到紧急情况或在轿顶、底坑、机房等处检修电梯时,为防止电梯的起动、运行,将开关关闭切断控制电源以保证安全。

⑫ 紧急报警开关 若轿厢因故障被迫停止,为使司机与乘客在需要时能有效地向外界求援,在电梯轿厢内装有乘客易于识别和触及的报警装置,以通知维修人员或有关人员采取相应的措施。报警装置可采用警铃、对讲系统、外部电话等。

第四节 电梯的维护

一、电梯的维护保养、检查

为了确保电梯能安全、可靠、舒适地运行,应坚持以经常性的维修保养为主,维护人员除应加强日常的维护保养外,还应根据电梯的使用情况,制订切实可行的维护保养和预检修计划,定期按时进行保养、检查和修理,并做好记录。检修方式有使用单位自行检查和政府有关部门组织的定期安全检查。使用单位自检包括日常检查、季度检查、年度检查。

1. 使用单位自检

① 日常检查 是电梯维护、管理人员必须经常进行的检查工作,可按周、月为周期进行检查。

每周:检查厅门门锁装置。当电梯在正常工作时,任一层厅门的一门扇被开启,则电梯应停止运行或不能起动;厅门关闭时用外力不能将厅门推开。检查轿厢门开关时各级减速是否正常,安全装置是否可靠工作。检查消防功能,确保正常工作。检查轿内警铃、对讲系统、电话等紧急报警装置。

每月:按表5-1的要求,检查有关部位的润滑情况,并补充润滑剂或拆卸清洗更换润滑剂。检查限速器、安全钳、制动器等主要机械安全设施的作用是否正常,工作是否可靠。检查电气控制系统中各主要电器元件的动作是否灵活,继电器和接触器吸合和复位时有无异常的噪声,机械联锁的动作是否灵活可靠,主要接点被电弧烧蚀的程度,严重者应进行必要的修理。

表5-1 电梯各主要机件、部位添加润滑剂及清洗更换润滑剂周期表

机件名称	部位	添加润滑剂及清洗更换润滑剂时间	润滑剂型号
曳引机	油箱	新梯半年内应常检查,发现杂质及时更换,开始几年每年换油一次,老梯和使用不频繁的电梯可根据油的黏度和油质决定	
	蜗轮轴的滚动轴承	每月添加一次,每年清洁更换一次	钙基润滑脂
曳引机制动器	制动器销轴	每周添加一次	机油
	电磁铁铁心铜套间	每半年检查一次,每年添加一次	石墨粉
曳引电动机	电动机滚动轴承	每月添加一次,每季度至每半年清洁更换一次	钙基润滑脂
	电动机滑动轴承	每周添加一次,每季度至每半年更换一次	
导向轮、轿顶轮、对重轮、复绕轮	轴与轴套之间	每周给油杯加油一次,每年拆洗更换一次	钙基润滑脂
无自动润滑的滑动导靴	导轨工作面	每周涂一次,每年清洗添加一次	钙基润滑脂
有自动润滑的滑动导靴	导靴上的润滑装置	每周添加一次,每年清洗导轨工作面一次	HJ-40机械油

机件名称	部位	添加润滑剂及清洗更换润滑剂时间	润滑剂型号
滚轮导靴	滚轮导靴轴承	每季度添加一次,每半年至一年清洗更换一次	钙基润滑脂
开关门系统	吊门滚轮及自动门锁滚动轴承和轴箱	每月添加一次,每年清洁更换一次	钙基润滑脂
	门导轨	每周至每月擦洗并加少量润滑油一次	机油
	开关门电动机轴承	每季度添加一次,每年清洁更换一次	钙基润滑脂
	自动开关门传动机构上的各种滚动轴承、轴销	每周添加一次,每半年清洁更换一次	钙基润滑脂、机油
限速器	限速器旋转轴销、胀紧轮轴和轴承	每周添加一次,每年清洁更换一次	钙基润滑脂
安全钳	传动门机构	每月添加一次	机油
安全钳	安全嘴内滚、滑动部位	每季度涂一次	适量凡士林
选层器	滑动拖板、导轨和传动机构	每月至每季度添加一次,每年清洁更换一次	钙基润滑脂
油压缓冲器	油缸	每月检查和补油一次	

② 季度检查 主要检查曳引电动机运行时有无异常噪声,减速机是否漏油,减速箱及电机的温升情况,电梯抱闸的制动可靠性,速度反馈信号的质量,限速器运转的灵活可靠性,控制柜内电器元件动作是否可靠,极限开关动作是否可靠等。

③ 年度检查 是针对电梯运行过程中的整机性能和安全设施进行的全面检查。整机性能包括舒适感,运行的振动、噪声,运行速度和平层准确度等方面;安全设施方面主要包括超速,断相,错相,缓冲装置,上、下限位等保护功能的检查,同时还应进行电气设备的接地、接零可靠性的检查。根据检查结果确定是否需要大修或中修。有维修能力的单位可组织具备电梯专业维修资格的技术人员自行修理,否则应委托获得政府主管部门颁发电梯维修专业许可证的单位进行

维修。

2. 定期安全检查

定期安全检查是根据政府主管部门的规定,由负责电梯注册登记的有关部门委派电梯注册或认证工程师进行的安全检查。检查的周期、内容由各地主管部门决定。检查合格的电梯发给使用许可证,证书注明安全有效期。超过期限的电梯应禁止使用。

二、电梯主要零部件的日常维护和检修

1. 曳引机(有蜗轮减速器)

① 蜗轮减速器　蜗轮减速器运行时应平稳无振动,蜗轮与蜗杆轴向游隙一般应符合表5-2或随机技术文件的规定。

表 5-2　蜗轮和蜗杆轴向游隙　　　　　　　　　　　　　mm

中心距	100～200	200～300	大于300
蜗杆轴向游隙	0.07～0.12	0.10～0.15	0.12～0.17
蜗轮轴向游隙	0.02～0.04	0.02～0.04	0.03～0.05

电梯经长期运行后,由于磨损使蜗轮副的齿侧间隙增大,或由于蜗杆的推力轴承磨损,造成轴向窜动超差,会使电梯换向运行时产生较大冲击。若检修过程中实测结果超过表5-2的规定值,应及时更换中心距调整垫片和轴承盖垫片,或更换轴承。

窥视孔、轴承盖与箱体的连接应紧密不漏油。对于蜗杆伸出端用盘根密封者,不宜将压盘根的端盖挤压过紧,应调整盘根端盖的压力,使出油孔的滴油量以每3～5 min一滴为宜。

在一般情况下,每年应更换一次减速箱的润滑油。对新安装后投入使用的电梯,在开始的半年内,应经常检查箱内润滑油的清洁度,发现杂质应及时更换,对使用不太频繁的电梯,可根据润滑油的黏度和杂质情况确定换油时间。

在正常工作条件下,机件和轴承的温度应不高于80 ℃,没有不均匀的噪声或撞击声,否则应检查处理。

② 制动器　制动器的动作应灵活可靠。抱闸时闸瓦与制动轮工作表面应吻合,松闸时两侧闸瓦应同时离开制动轮的工作表面,其间隙应不大于0.7 mm,且间隙均匀。

制动带(闸皮)的工作表面应无油垢,制动带的磨损超过其厚度的1/4或已露出铆钉头时应及时更换。

轴销处应灵活可靠,可用机油润滑。电磁铁的可动铁心在铜套内滑动应灵活,可用石墨粉润滑。制动器线圈引出线的接头应无松动,线圈的温升不得超过60 ℃。

当闸瓦上的制动带经长期磨损后与制动轮工作面间隙增大,影响制动性能或产生冲击声时,应调整衔铁与闸瓦臂的连接螺母,使间隙符合要求。通过调整制动簧两端的螺母使压力合适,在确保安全可靠和能满足平层准确度的情况下,应尽可能提高电梯的乘坐舒适感。

③ 曳引电动机　电动机与底座的连接螺栓应紧固。电动机轴与蜗杆连接后的不同轴度:刚性连接应不大于0.02 mm,弹性连接应不大于0.1 mm。

电动机两端轴承贮油槽中的油位应保持在油位线上,最少应达到油位线高度的一半以上。

同时还应经常注意油的清洁度,发现杂物应及时更换新油。换油时,应把贮油槽中的油全部放出,并用汽油洗净后,再注入新油。在正常情况下,轴承的温升不得超过 80 ℃。由于轴承磨损而产生不均匀的异常噪声,或造成电机转子的偏摆量超过 0.2 mm 时,应及时更换轴承。

电动机的绝缘电阻值应不小于 0.5 MΩ,低于规定值时,应用汽油、甲苯或冷四氯化碳清除绝缘上的异物,并经烘干后再喷涂绝缘漆,以确保绝缘电阻不小于 0.5 MΩ。

④ 曳引轮　检查各曳引绳的张力是否均匀,防止由于各曳引绳的张力不匀,而造成曳引绳槽的磨损量不一。测量各曳引绳顶端至曳引轮上轮缘间的距离,如相差 1.5 mm 以上,应就地重车或更换曳引轮。

检查各曳引绳底端与绳轮槽底的距离,防止曳引绳落到槽底后产生严重滑移,或减少曳引机曳引力的情况。经检查,有任一曳引绳的底端与槽底的间隙小于等于 1 mm 时,曳引绳槽应重车或更换曳引轮。重车后,槽底与曳引轮下轮缘间的距离不得小于相应曳引绳的直径。

⑤ 速度反馈装置　各类闭环调速电梯电气控制系统的测速装置采用直流测速发电机时,每季度应检查一次电刷的磨损情况。如磨损情况严重,应修复或更换,并清除电机内的炭末,给轴承注入钙基润滑脂。采用光电开关时,每半年应用酒精棉球擦去发射和接收管上的积灰。

2. 限速器和安全钳

限速器和安全钳的动作应灵活可靠,在额定速度下运行时,应没有异常噪声,转动部位应保持良好的润滑状态,油杯内应装满钙基润滑脂。限速器绳索伸长到超过规定范围,而且碰触断绳开关时,应及时将绳索截短,防止因此而切断控制电路,影响电梯的正常运行。限速器钢丝绳更换要求与曳引绳相同。限速器的夹绳部位应保持干净无油垢。

安全钳的传动机构动作应灵活,转动部位应用机油润滑。安全钳内的滑动、滚动机件应涂适量的凡士林,以润滑和防锈。楔块与导轨工作面的距离应为 2 ~ 3 mm,且间隙均匀。

3. 自动开关门机构

应定期检查开关门电机炭刷及炭末,磨损严重时应及时修复或更换。电机轴承应定期挤加钙基润滑脂,定期清洗并更换新的润滑脂。

减速机构的传动皮带张力应合适,由于皮带伸长而造成打滑时,应适当调整皮带轮的偏心轴和电机底座螺钉,使皮带适当张紧。

门滑轮在门导轨上运行时,应轻快并无跳动和噪声。门导轨应保持清洁,定期擦洗并涂少量润滑油。因门滑轮磨损,使门扇下落,门扇与踏板间隙小于 4 mm 时,应更换新滑轮。挡轮与导轨下端面的间隙应为 0.5 mm,否则应适当调整固定挡轮的偏心轴。

安全触板及其控制的微动开关动作应灵活可靠,其碰撞力应不大于 4.9 N。

4. 导轨和导靴

采用滑动导靴时,对于无自动润滑装置的轿厢导轨和对重导轨应定期涂钙基润滑脂(GB/T 491—2008)。若设有自动润滑装置,则应定期给自动润滑装置加 HJ – 40 机械油(GB 443—1989)。应定期检查靴衬的磨损情况,当靴衬工作面磨损量超过 1 mm 时,应更换新靴衬。

采用滚轮导靴时,导轨的工作面应干净清洁,不允许有润滑剂,并定期检查导靴上各轴承的润滑情况、定期挤加润滑脂和定期清洗换油。

导轨的工作面应无损伤,由于安全钳动作造成损伤时,螺栓应无松动,每年应检查紧固一次。

5. 曳引绳

曳引绳应及时修复。定期检查各曳引绳之间的张力是否均匀,相互间的差值不得超过5%。若曳引绳磨损严重,其直径小于原直径的90%,或曳引绳表面的钢丝有较大磨损或锈蚀严重时,应更换新绳。当曳引绳各股的断丝数超过表5-3的规定时,也应更换新绳。

表5-3 曳引绳磨损、锈蚀、断丝表

断丝、表面磨损或锈蚀为其直径的百分数/%	在一个捻距的最大断丝数/个	
	断丝在绳股之间匀布	断丝集中在1或2个绳股中
10	27	14
20	22	11
30以上	16	8

曳引绳过度伸长时,应截短重做曳引绳锥套。曳引绳表面油垢过多或有砂粒等杂物时,应用煤油擦洗干净。

6. 缓冲器

弹簧缓冲器顶面平面度应不大于4/1 000 mm,并垂直于轿底缓冲板或对重缓冲板的中心。固定螺栓应无松动。

油压缓冲器用油的凝固点应在-10 ℃以下,黏度指标应在75%以上。油面高度应保持在最低油位线以上。

应经常检查油压缓冲器的油位及漏油情况,低于油位线时,应补油注油。所有螺钉应紧固。柱塞外圆露出的表面应用汽油清洗干净,并涂适量防锈油(可用缓冲器油)。应定期检查缓冲器柱塞的复位情况。

7. 导向轮、轿顶轮和对重轮

导向轮、轿顶轮和对重轮轴与铜套等转动摩擦部位应保持良好的润滑状态,油杯内应装满润滑油。并定期清洗换油,防止由于润滑油失效或润滑不良造成抱轴事故。

8. 自动门锁和门电联锁

每月应检查一次自动门锁的锁钩、锁臂及滚轮是否灵活,作用是否可靠,给轴承挤加适量的钙基润滑脂。每年应彻底检查和清洗换油一次。

定期以检修速度控制电梯上下运行,对于单门刀的电梯应检查门刀是否在各门锁两滚轮的中心,避免门刀撞坏门锁滚轮;对于双门刀的电梯应检查门刀有无碰擦门锁滚轮的情况以及由于门锁或门刀错位,造成电梯运行时中途停车。

门关妥时,检查门锁工作是否可靠,是否能把门锁紧,在门外能否把门扒开,其扒开力应不小于196.1~294.1 N。

9. 电气控制设备

① 选层器和层楼指示器 应定期检查传动机构的润滑情况,动触点和定触点的磨损情况,并检查各触点的接触压力是否合适,各接点引出线的压紧螺钉有无松动。使电梯在检修慢速状态下,在机房的钢带轮和轿顶上仔细检查、观察钢带有无断齿和裂痕现象、连接螺钉是否紧固,发现断齿和裂痕时,应及时更换。

② 端站限位开关和端站强迫减速装置 应定期检查端站限位开关或端站强迫减速装置的

动作和作用是否可靠,开关的紧固螺钉是否松动。并定期通过检查调整,使每个开关内的触点具有足够大的接触压力,清除各接触点表面的氧化物,修复电弧造成的烧蚀,确保开关能可靠接通和断开电路。

③ 控制柜　应定期在断开控制柜输入电源的情况下,清扫控制柜内各电器元件上的积灰和油垢。定期检查和调整各接触器和继电器的触点,使各触点具有足够大的接触压力。当触点的接触压力不够大,必须通过调整加大其接触压力时,应用扁嘴钳调整接触点的根部,切忌随意扳扭触点的簧片,破坏簧片的直线度,降低簧片的弹性,导致接触压力进一步减小。

定期清除各触点表面的氧化物,修复电弧造成的烧伤,并紧固各电器元件引出、引入线的压紧螺钉。

对控制柜进行比较大的维护保养后,应在断开曳引机电源的情况下,根据电气控制原理图检查各电器元件的动作程序是否正确无误,接触器和继电器的吸合复位过程是否灵活,有无异常的噪声,避免造成人为故障。

定期检查熔断器熔体与引出、引入线的接触是否可靠。注意熔体的容量是否符合电气控制原理图的要求,变压器和电抗器有无过热现象。

④ 换速、平层装置　应定期使电梯在检修慢速状态下,检查换速传感器和平层传感器的紧固螺钉有无松动,隔磁板在传感器凹形口处的位置是否符合要求,双稳开关与永久磁铁、光电开关与遮光板的相对距离有无变化,干簧管和双稳态开关、光电开关等能否可靠工作。

⑤ 安全触板　应定期检查安全触板开关的动作点是否正确,引出、引入线是否有断裂现象。

⑥ 门电联锁开关　检查开关的紧固螺钉是否松动,应定期检查门电联锁开关的动作是否灵活可靠,自动门锁锁钩上的导电片碰压桥式触点是否合适。应定期检查导电片与桥式触点之间有无虚接现象。

⑦ 自动开关门调速开关和断电开关　应定期检查开关打板,开关的紧固螺钉,开关引出、引入线的压紧螺钉有无松动,打板碰撞开关时的角度和压力是否合适,并给开关滚轮的转动部位加适量润滑油。

第五节　电梯常见故障分类及其排除

一、电梯故障的类别

电梯使用一定时间后,常会出现一些故障,故障的原因是多样的。电梯一旦发生故障,首先应搞清故障类别,才能解决问题。根据不同的分类方法电梯故障可分为不同类别。按引起故障的原因分类,电梯故障可分为以下3类。

① 设计、制造、安装故障　一般来说,新产品的设计、制造和安装都有一个逐步完善的过程,若是由于这方面的原因引起故障,应与制造厂家和安装维修部门取得联系,共同来解决问题。

② 操作故障　这类故障一般是由使用者不遵守操作规程引起的。

③ 零部件损坏故障　这一类故障是电梯运行中最常见的也是最多的。

按机械、电气系统分类,电梯故障可分为机械系统故障和电气系统故障。

二、电梯常见故障及排除

1. 机械系统的故障及排除

机械系统的故障率是比较低的,约占全部故障的 10% ~ 15% 。但是,机械系统一旦发生故障,往往会造成比较严重的后果。轻则需要较长时间的停机修理,重则可能造成严重的设备或人身事故。所以应做好平日的维护保养,尽可能地减少机械系统的故障。

（1）机械系统的常见故障

① 润滑系统的故障　由于润滑不良或润滑系统的某个部件的故障,从而造成转动部位发热、烧伤、烧死或抱轴,从而使滚动或滑动部位的零件损坏。

② 机件带伤运转　由于忽视了预检修工作,因而未能及时发现机件的转动、滑动或滚动部件的磨损情况,致使机件带伤长时间运转,从而造成机件磨损报废,被迫停机修理。

③ 连接部位松动　电梯的机械系统有许多部件是由螺栓连接的,电梯在运行过程中,由于振动而造成连接螺栓松动,零部件发生位移或失去相对精度,从而磨损、碰坏、撞毁电梯机件,被迫停机修理。

④ 平衡系统的故障　当平衡系数与标准要求相差太远或者严重超载时,会造成轿厢蹲底或冲顶。事故一旦出现,限速器、安全钳就会动作,从而迫使停机修复。

（2）机械系统常见故障的检查和排除

由上面所列故障现象可见,出现故障的主要原因就是日常的维护保养不够。若能及时润滑有关的部件,紧固连接螺栓,就可以极大地减少故障的发生。故障一旦发生,维修人员应首先向司机或乘客了解故障发生时的情况和现象。如故障所在部位无法准确判定,但电梯还可以运行,可以到轿厢内亲自控制电梯上下运行数次,或请司机或其他人员控制电梯上下运行,自己到有关部位,通过观察、实地测量,分析、判断故障发生的准确部位。故障部位一旦确定,按有关技术文件的要求,仔细地将出现故障的部件进行拆卸、清洗、检查、测量,从而确定故障原因,并进行修复或更换。

电梯的轿厢被安全钳卡在导轨上,使其既不能上,又不能下,这是电梯特有又常会遇到的一种故障。一旦出现此故障,必须用承载能力不小于轿厢重量、挂在机房楼板上的手动葫芦,把轿厢上提 150 mm 左右,安全钳即可复位。安全钳复位后,再慢慢地将轿厢放下,然后撤去手动葫芦,再使位于上梁的安全钳开关和机房的极限开关复位。一般情况下,经过这样处理,电梯可恢复运行。但是运行前,必须查明事故原因,以采取相应的措施,并修复导轨被安全钳卡出的卡痕,才可交付正常使用。

2. 电气系统的故障及排除

电梯电气系统的故障率最高而又最集中,造成电气系统故障的原因是多方面的,其主要原因是电器元件故障和维护保养不及时。

（1）电气系统的常见故障

电梯电气系统的故障是多种多样的,故障发生点也非常广泛,又很难预测,主要故障类型有以下几种:

① 门系统故障　采用自动开关门机构的电梯,其故障多为各种电器元件的触点接触不良。不过电器元件的质量、安装调整的质量、维护保养的质量等所存在的问题,也是造成故障的因素。

② 继电器故障　采用继电器构成的电梯控制电路,其故障多发生在继电器的触点上。如果触点被电弧烧蚀、烧毁,接点的表面有氧化层或接点的簧片由于被电弧加热后又自然冷却,从而失去弹性,都会造成断路,从而导致电气控制系统断电而停止工作。

最常见的还有方向接触器或继电器的机械和电气联锁装置失效,会造成方向接触器或继电器抢动作,而不能正常开合;或是接触器的触点通断产生的电弧使周围的空气介质击穿。这些都可能造成短路故障。

③ 电器绝缘材料老化、失效或受潮,以及外界的因素使电器元件的绝缘层损坏,或者金属物体掉入电气控制系统内,这些也可能造成电气系统短路。

断路仅会使电梯的整体或某一部分由于失去电力而停止工作,一般不会造成大的损失。而短路却会使电流急剧增加,轻者烧毁熔断器,重者则会烧毁电器元件,甚至会造成火灾,要引起警惕。

④ 外界的干扰　电子技术的发展、微机等先进设备的使用使电梯的电气控制系统发展为无触点式。无触点的电气控制系统克服了继电器触点的弊病。但是若屏蔽措施采用不当,不能有效防止外来信号的干扰,就会造成控制系统的误动作,以致烧毁电器元件,或者造成重大的事故。

（2）电气控制系统故障判断和排除方法

电梯的电气控制系统结构复杂又分散,要想迅速地查明故障,必须很好地掌握电气控制系统的电路原理,并真正弄清楚电梯的全部控制过程,熟识各电器元件的安装位置和线路敷设情况,掌握各电器元件之间的相互控制关系及各个触点的作用,掌握排除故障的正确方法,从而迅速地排除故障。

常用电气故障的排查方法有:

① 观察法　电梯一旦发生故障,首先要采用看、听、闻的观察法,查找故障所在。

看,就是看一下电器元件的外观颜色是否改变,该闭合的继电器的触点是否闭合,该断开的是否已断开。

听,就是听一听工作中的电路有无异常的声响。

闻,就是闻一下有无异味。如果电路异常,尤其是发生短路,将会使绝缘层烧毁,常会有异常的气味出现。如果有异味出现,尤其是伴随着烟雾,运行中的电梯应就近停驶,已停驶的电梯绝不能再次起动,因为短路带来的危害远大于断路。

② 推断-替代法　如果用观察法或者根据电路原理图能推断出故障可能发生在某处,但经观察该处电器元件,没有发现异常,此时,可将被认为有问题的电器元件取下来,换上好的电器元件,看故障是否能排除。若故障消失,则可断定该电器元件有问题,若未消失,需继续查找。

③ 电阻法　就是用万用表的电阻挡检测电路的电阻值是否异常。这是检测电路断路或短路的最有效的方法。但必须注意,用电阻法测量故障时,一定要断开电源,千万不可带电检测。

检测断路故障时,要用低阻挡。若某部分的电阻值过大,则可断定该部分断路。检测短路故障,需用高阻挡或用兆欧表。若某部分电路的电阻值过小,则说明该部分电路短路或漏电。

④ 电压法　就是利用万用表的电压挡检测电路。检测时,一般先检查电源的电压或主线路的电压,看是否正常。继而可检查开关、继电器、接触器应该接通的两端,若电压表上有指示,则说明该器件断路。若线圈两端的电压值正常,但触点不吸合,则说明该线圈断路或损坏。

采用电压法检测电路必须在电路通电的情况下进行,因而,一定要注意自身的安全。千万不可使身体直接触及带电部位,并注意被检测部位正常的电压值是直流还是交流,以便选择合适的电表挡位,避免发生事故或损坏仪表。

⑤ 短路法　主要是用来检测某个开关是否正常的一种临时措施。若怀疑某个开关或某些开关有故障,可将该开关短路。若故障消失,则证明判断正确,应立即更换已坏的开关。但绝不允许用短路线代替开关,尤其是急停继电器开关和层楼门、轿厢门开关。

⑥ 低压白炽灯检测法　万用表虽是检测电气故障常用的仪器,但在实际应用中有诸多的不便。在实际应用中,常使用一个耐压 220 V 的白炽灯,只要运用得当,即可方便地替代万用表。尤其是判断断路故障,使用低压白炽灯检测法更方便。用做故障检查的白炽灯,其功率最好小点,并应带有防护罩。

根据故障的表现大致确定了发生故障的范围后,把电梯开到两端站以外的任一个停靠站(最好是上端站的下一站),一人在轿厢内,另一检修人员进入机房,打开控制柜,通知轿厢内的人员控制电梯上下运行,以便仔细观察控制柜内各电器元件的动作情况和可编程序控制器中的程序,进一步确定故障的性质和范围。

当故障的性质和范围确定后,令电梯停止运行。检查者手持低压白炽灯两绝缘导线,先从有故障电路的两端开始搭接。若白炽灯亮,则说明搭接点以外的电路正常。然后,固定一端不动,另一端逐渐往固定的一端移动,直到某处白炽灯不亮,则故障一定发生在两接点以内的部分。切断电源,用万用表仔细查找,即可确定故障点。

⑦ 程序检查法　就是模拟司机或乘客的操作,给电梯控制系统输入相应的信号,使有关的继电器或接触器吸合,或者用手直接推动有关的继电器或接触器,使其处于吸合状态,然后仔细观察控制柜内各有关的继电器、接触器的动作情况是否符合电路原理图的要求。根据继电器或接触器的动作顺序或动作情况,就可以得知有关电气控制系统是否良好,从而缩小故障范围。

程序检查法特别适用于故障现象不太明显,或故障现象虽明显,但牵涉范围比较大的情况;也适用于对电气控制系统进行比较大的整修或更换大的电器元件后,检验修理效果的情况。

程序检查法可迅速地确认控制系统的技术状态是否良好,也为搞清故障现象、分析判断故障性质、缩小故障范围、迅速排除故障提供了方便条件。它不仅适用于有触点的控制系统,也适用于无触点的控制系统。当使用该方法时,为确保安全,防止轿厢随检查试验而运行或发生溜车事故,应把曳引机的电源引线及制动器线圈的引入线暂时拆除。

习　题　五

1. 电梯由哪几大部分组成?各有什么作用?包括哪些器件?
2. 电梯的轿厢是如何实现升降的?为什么要设对重?
3. 导轨有何作用?导靴有何作用?
4. 电梯一旦失控,有可能造成冲顶或蹲底,这时什么装置可起到保护作用?电梯的最后一道保护装置是什么?它们是如何实现保护的?
5. 常见电气系统故障的排查方法有哪几种?

第六章　机器人控制系统

机器人技术是现代科学技术高度集成和交融的产物,它涉及机械、控制、电子、传感器等多学科领域,是当代最具代表性的机电一体化技术之一。

第一节　机器人技术概述

说到机器人人们都会感到很神秘,觉得是个高科技的集合体,离生活很遥远,其实不尽然。机器人是一个宽泛的概念,它并不一定具有人的外形,而是形态各异、种类繁多的,不仅有月球车、火星探测器、机器人士兵等先进的智能性很高的机器人,也有工业用的各种机械手、焊接机器人等,还有供学习用的积木式教学机器人和用于机器人比赛的足球机器人、篮球机器人、相扑机器人等,图6-1是几种不同类型机器人。

(a) 火星探测器　　　(b) 机械手　　　(c) 铆接机器人

(d) 机器狗　　　(e) 篮球机器人　　　(f) 相扑机器人

图6-1　几种不同类型机器人

既然图6-1所示都叫机器人,那么机器人有没有一个统一的定义呢? 机器人的应用和发展还会有哪些前景? 机器人会和人类友好相处吗?

一、机器人的诞生

1920年捷克斯洛伐克作家卡雷尔·恰佩克在他的科幻小说《罗萨母的万能机器人》中,根据Robota(捷克文,原意为"劳役、苦工")和Robotnik(波兰文,原意为"工人"),创造出"Robot"——"机器人"这个词。

随着计算机和自动化的发展,以及原子能的开发利用,人们强烈希望用某种机器代替自己去完成那些枯燥、单调、危险的工作。由于原子能实验室的环境恶劣,迫切需要能代替人处理放射性物质的机械装置。美国原子能委员会的阿尔贡研究所于 1947 年开发了遥控机械手,1948 年又开发了机械式的主从机械手,但这还不是真正意义上的机器人。直到 1954 年美国人乔治·德沃尔制造出世界上第一台可编程的装置,它能按照不同的程序从事不同工作,因此具有通用性和灵活性,成为具有实际意义的机器人。

二、机器人的定义

科学家们对机器人的定义一直是仁者见仁,智者见智,没有一个统一的意见。原因是机器人还在发展和完善,新机型、新功能的机器人还在不断涌现。随着机器人技术的飞速发展和信息时代的到来,机器人所涵盖的内容越来越丰富,机器人的定义也不断充实和创新。也许正是由于机器人定义的模糊,才给人们充分的想象和创造空间。

实际意义上的机器人应该是"能自动工作的机器",它们有的功能比较简单,有的非常复杂,但必须具备以下 3 个特征:

① 要有一个机械装置,其结构、大小、形状、材料取决于它要完成的工作。

② 具有感知和控制功能,通过安装在装置上的各种传感器获取外界信息,根据收到的信息,遵循人们编制出的程序指令作出反应。

③ 具有作业功能,即机器人的活动功能,机器人在程序指令下完成各种动作。

总之,机器人是人制造出来的具有一定智能的先进机器。1987 年国际标准化组织对工业机器人进行了定义——工业机器人是一种具有自动控制的操作和移动功能,能完成各种作业的可编程操作机。我国科学家对机器人的定义是:机器人是一种自动化的机器,所不同的是这种机器具备一些与人或生物相似的智能能力,如感知能力、规划能力、动作能力和协同能力,是一种具有高度灵活性的自动化机器。

三、机器人的分类与应用

机器人如何分类,国际上没有制定统一的标准,有的按负载重量分,有的按控制方式分,有的按自由度分,有的按结构分,还有的按应用领域分。我国的机器人专家从应用环境出发,将机器人分为两大类,即工业机器人和特种机器人。所谓工业机器人就是面向工业领域的多关节机械手或多自由度机器人。而特种机器人则是除工业机器人之外的,用于非制造业并服务于人类的各种机器人,包括服务机器人、水下机器人、娱乐机器人、军用机器人、农业机器人、机器人化机器等。图 6-2 所示是部分机器人的图片。

工业机器人代替人完成那些枯燥、单调、危险的工作;焊接机器人、喷漆机器人等代替人去做乏味、重复的工作;码垛机器人把人从繁重的劳动中解放出来,而且有很高的工作速度和很强的承载能力。

除了工业机器人的水平不断提高之外,各种用于非制造业的先进机器人系统也有了长足的进展。

① 导盲机器人能够识别道路障碍、运动车辆和行人,引导盲人安全行走。

② 家务机器人能够识别屋子的形状、家具和人,并按照一定的规律对地毯和地板定期地进

(a) 工业机器人   (b) 服务机器人   (c) 娱乐机器人

图 6-2　机器人图片

行清扫和吸尘。

③ 水下机器人能够潜到水下 6 km 进行作业,用于海洋石油开采,海底勘察,救捞作业,管道电缆的敷设、检查和维护等方面。

④ 军用机器人能够完成侦察、作战和后勤支援等任务,在战场上具有看、嗅和触摸能力,能够自动跟踪地形和选择道路,并且具有自动搜索、识别和消灭敌方目标的功能。

⑤ 医疗机器人能协助医生完成各种医疗操作和康复治疗,具有高可靠性、操作无污染等特点。

⑥ 仿人机器人具有类人的外形,能够模仿人的感知、决策、行为和交互能力。双足多行是仿人机器人最基本的特征之一,它可以代替人在危险的环境(如核电站、太空等)中作业,这在一定程度上拓展了人类的活动领域。

四、机器人的发展

机器人技术作为 20 世纪人类最伟大的发明之一,经历了几十年的发展已取得了长足的进步,时至今日,机器人已发展到了第三代。

第一代机器人——可编程及示教再现机器人,按事先示教或编程的位置和姿态进行重复作业,主要完成搬运、喷漆和点焊等工作。

第二代机器人——感知机器人,带有如视觉、触觉等外部传感器,具有不同程度感知环境并自行修正程序的功能,可完成较为复杂的作业,如装配、检查等。

第三代机器人——具有感知、决策、动作能力的智能机器人,它出现于 20 世纪 90 年代,是通过各种传感器、测量器等来获取环境的信息,利用智能技术进行识别、理解、推理并最后作出规划决策,自主行动实现预定目标的高级机器人。

随着电子技术、信息处理技术和通信技术的日新月异,机器人也随之进入新的发展阶段。第四代机器人正在研制之中,它具有更高的智能,可通过高级的中央处理器和内置软件实现实时加工作业。这种机器人的应用范围将不再局限于一道道特定的工序,而是能够实现整个生产系统的机器人化。

目前,先进的机器人系统正在或即将进入人类生活的各个领域,成为人类良好的助手和亲密的伙伴。通过对教学机器人的学习与研究,深入了解机器人,掌控机器人,使其更好地为人类服务。

第二节　机器人的组成

人完成抓取工件的动作,是由大脑进行控制,然后由神经系统控制骨骼、肌肉的运动系统实现的。那么机器人想完成上述动作怎么实现呢? 作为一个系统机器人,一般由三部分、六个子系统组成,如图 6-3 所示。这三部分是机械部分、传感部分、控制部分,六个子系统是驱动系统、机械系统、感知系统、人机交互系统、机器人-环境交互系统、控制系统。

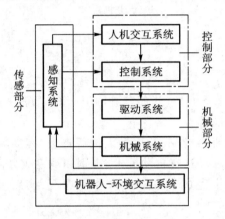

图 6-3　机器人的基本组成

一、驱动系统

驱动系统主要指驱动机械系统的驱动装置,根据驱动源的不同,驱动系统可分为电动、液压、气动三种以及把它们结合起来应用的综合系统,各种驱动方式的特点见表 6-1。

表 6-1　机器人驱动系统特点

驱动方式	特点					
	输出力	控制性能	维修使用	结构体积	使用范围	制造成本
液压驱动	压力高,可获得大的输出力	油液不可压缩,压力、流量均容易控制,可无级调速,反应灵敏,可实现连续轨迹控制	维修方便,液体对温度变化敏感,油液泄漏易着火	在输出力相同的情况下,体积比气压驱动方式小	中、小型及重型机器人	液压元件成本较高,油路比较复杂

154

驱动方式	特　点					
	输出力	控制性能	维修使用	结构体积	使用范围	制造成本
气压驱动	压力低,输出力较小。可获得较大输出力时,其结构尺寸过大	可高速驱动,冲击较严重,精确定位困难。气体压缩性大,阻尼效果差,低速不易控制,不易与CPU连接	维修简单,能在高温、粉尘等恶劣环境中使用,泄漏无影响	体积较大	中、小型机器人	结构简单,能源方便,成本低
电动机驱动	输出力较大	控制性能较差,惯性大,不易精确定位	维修使用方便	需要减速装置,体积较大	速度低,持重大的机器人	成本低
	输出力较小或较大	容易与CPU连接,控制性能好,响应快,可精确定位,但控制系统复杂	维修使用较复杂	体积较小	程序复杂、运动轨迹要求严格的机器人	成本较高

电动机使用简单,且随着材料性能的提高,电动机性能也逐渐提高。机器人关节驱动原采用液压驱动、气压驱动,目前逐渐为电动机驱动所代替。

二、机械系统

机械系统又称操作机构或执行机构系统,它由一系列连杆、关节或其他形式的运动副所组成。机械系统通常包括机身、臂部结构、手腕结构、手部结构及行走机构等,构成一个多自由度的机械系统,如图6-4所示为一种典型的机器人机械结构图。

1. 机身

机身是直接连接、支撑和传动手臂及行走机构的部件。常用的机身结构有升降回转型机身结构、俯仰型机身结构、直移型机身结构和类人机器人机身结构。

2. 臂部结构

手臂部件(简称臂部)是机器人的主要执行部件,它的作用是支撑腕部和手部,并带动它们在空间运动。根据臂部的运动和布局、驱动方式、传动和导向装置的不同,可分为伸缩型臂部结构、转动伸缩型臂部结构、屈伸型臂部结构以及其他专用的机械传动臂部结构。

3. 手腕结构

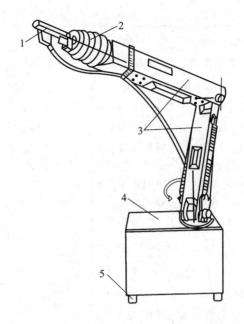

图 6-4 典型的机器人机械结构图
1—手部结构;2—手腕结构;3—臂部结构;4—机身;5—行走机构

手腕是连接手臂和手部的结构部件,它的主要作用是确定手部的作业方向。手腕结构的驱动部分经常安排在小臂上。要确定手部的作业方向,一般需要三个回转方向:① 臂转,即绕小臂轴线方向的旋转;② 手转,即使手部绕自身的轴线方向旋转;③ 腕摆,即使手部相对于臂进行摆动。

手腕结构多为上述三个回转方式的组合,组合的方式可以有多种,常用的手腕组合方式如图6-5 所示。

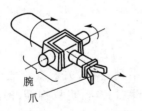

(a) 臂转、腕摆、手转结构

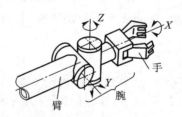

(b) 臂转、双腕摆、手转结构

图 6-5 手腕组合方式

4. 手部结构

机器人的手部是最重要的执行机构,从功能和形态上看,它可分为工业机器人的手部和仿人机器人的手部。工业机器人常用的手部按其握持原理可以分为夹钳式和吸附式两种。

① 夹钳式手部 如图6-6 所示为夹钳式手部。

② 吸附式手部 吸附式手部靠吸附力取料。根据吸附力的不同有气吸式和磁吸式两种。

吸附式手部适应于大平面、易碎、微小的物体,因此使用面较广。

气吸式手部是工业机器人常用的一种吸持工件的装置。它由吸盘、吸盘架及进排气系统组成,气吸式手部是利用吸盘内的压力与大气压力之间的压力差而工作的。气吸式手部具有结构简单、重量轻、使用方便可靠等优点,广泛用于非金属材料或不可有剩磁的材料的吸附。气吸式手部的另一个特点是对工件表面没有损伤,且对被吸持工件预定的位置精度要求不高,但要求工件上与吸盘接触部位光滑平整、清洁,被吸持工件材质致密,没有透气空隙。

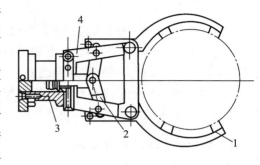

图6-6 夹钳式手部
1—手指;2—传动机构;3—驱动装置;4—支架

磁吸式手部是利用永久磁铁或电磁铁通电后产生的磁力来吸附材料工件的,应用较广。磁吸式手部不会破坏被吸持工件表面。

此外,为了提高机器人手部和手腕的操作能力、灵活性和快速反应能力,使机器人能像人手一样进行各种复杂的作业,就必须有一个运动灵活、动作多样的灵巧手,即仿人手。如图6-7所示为常用仿人手。

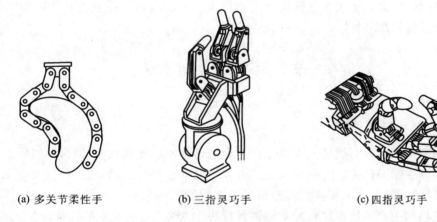

(a) 多关节柔性手   (b) 三指灵巧手   (c) 四指灵巧手

图6-7 常用仿人手

5. 行走机构

行走机构由驱动装置、传动机构、位置检测元件、传感器、电缆及管路等组成。它一方面支承机器人的机身、臂部和手部,另一方面还根据工作任务的要求,带动机器人实现在更广阔的空间内运动。一般而言,行走机器人的行走机构主要有车轮式行走机构、履带式行走机构和足式行走机构。此外,还有步进式行走机构、蠕动式行走机构、混合式行走机构和蛇行式行走机构等,以适合于各种特别的场合。

三、感知系统

感知系统由内部传感器模块和外部传感器模块组成,获取内部和外部环境状态中有意义的信息。智能传感器的使用提高了机器人的机动性、适应性和智能化水平。人类的感知系统对感知外部世界的信息是极其灵巧的,然而对于一些特殊的信息,传感器比人类的感知系统更有效。

四、控制系统

控制系统的任务是根据机器人的作业指令程序以及从传感器反馈回来的信号支配机器人的执行机构完成规定的运动和功能。假如工业机器人不具备信息反馈特征,则为开环控制系统,若具备信息反馈特征,则为闭环控制系统。

控制系统根据控制原理可分为程序控制系统、适应性控制系统和人工智能控制系统;根据控制运动的形式可分为点位控制和轨迹控制。

五、机器人-环境交互系统

机器人-环境交互系统是实现机器人与外部环境中的设备相互联系和协调的系统。例如工业机器人可与外部设备集成为一个功能单元,如加工制造单元、焊接单元、装配单元等。当然,也可以是多台机器人、多台机床或设备及多个零件存储装置等集成为一个执行复杂任务的功能单元。

六、人机交互系统

人机交互系统是使操作人员参与机器人控制并与机器人进行联系的装置,例如计算机的标准终端、指令控制台、信息显示板及危险信号报警器等。归纳起来人机交互系统可分为两大类:指令给定装置和信息显示装置。

第三节　机器人控制系统

一、机器人控制系统的概念

机器人的控制系统包含对机器人本体工作过程进行控制的控制机、机器人专用传感器、运动伺服驱动系统等。控制系统主要对机器人工作过程中的动作顺序、应到达的位置及姿态、路径轨迹及规划、动作时间间隔以及末端执行器施加在被作用物上的力和力矩等进行控制。机器人控制系统的作用是根据用户的指令对机构本体进行操纵和控制,完成作业的各种动作。控制系统的性能在很大程度上决定了机器人的性能。构成机器人控制系统的要素主要有计算机硬件系统及控制软件、输入/输出设备、驱动器、传感器。它们之间的关系如图6-8所示。

图6-8　机器人控制系统各要素之间的关系

二、机器人控制系统的特点

① 机器人的控制与机构运动学及动力学密切相关。

② 机器人有多个自由度。每个自由度一般包含一个伺服机构,它们必须协调起来,组成一

个多变量控制系统。

③ 机器人控制系统必须是一个计算机控制系统。同时,计算机软件担负着艰巨的任务。

④ 描述机器人状态和运动的数学模型是一个非线性模型,随着状态的不同和外力的变化,其参数也在变化,各变量之间还存在耦合。

⑤ 机器人的动作往往可以通过不同的方式和路径来完成,因此存在一个"最优"的问题。

三、机器人的控制方式

1. 机器人关节伺服控制

机器人的控制系统一般分为上位机和下位机。从运动控制的角度看,上位机作运动规划,并将手部的运动转化成各关节的运动,按控制周期传给下位机。下位机进行运动的插补运算及对关节进行伺服控制,所以常用多轴运动控制器作为机器人的关节控制器。多轴运动控制器的各轴伺服控制也是独立的,每个轴对应一个关节。多轴运动控制器已经商品化。这种控制方法并没有考虑实际机器人各关节的耦合作用,因此对于高速运动、变载荷控制的伺服性能不会太好。实际上,可以对单关节机器人作控制设计,对于多关节、高速变载荷情况可以在单关节控制的基础上作补偿。

2. 机器人轨迹控制

在弧焊、喷漆、切割等工作中,要求机器人末端执行器按照示教的轨迹和速度运动。如果偏离预定的轨迹和速度,就会使产品报废,这种控制方法称为轨迹伺服控制。

轨迹规划方法一般是在机器人初始位置和目标位置之间用多项式函数来"逼近"约定的路径,并产生一系列"控制设定点"。路径端点一般是在笛卡儿坐标系中给出的。如果需要某些位置的关节坐标,则可调用运动学逆问题求解程序,进行必要的转换。

在给定的两端点之间,常有多条可能的轨迹。例如,可以要求机械手沿连接端点的直线运动(直线轨迹),也可以要求它沿一条光滑的圆弧轨迹运动,在两端点处满足位置和姿态约束(关节变量插值轨迹)。

而轨迹控制就是控制机器人手端沿着一定的目标轨迹运动。因此,目标轨迹的给定方法和控制机器人手臂使之高精度地跟踪目标轨迹的方法是轨迹控制的两个主要内容。给定目标轨迹有示教再现方式和数控方式两种。

① 示教再现方式 示教再现方式是在机器人工作之前,让机器人手端沿目标轨迹移动,同时将位置及速度等数据存入机器人控制计算机中。在机器人工作时再现所示教的动作,使手端沿目标轨迹运动。示教时使机器人手臂运动的方法有两种,一种是用示教盒上的控制按钮发出各种运动指令;另一种是操作者直接用手抓住机器人手部,使其手端按目标轨迹运动。轨迹记忆再现的方式有点位控制(PTP 控制)和连续路径控制(CP 控制),如图 6-9 所示。PTP 控制主要用于点焊作业、更换刀具或其他工具等情况。CP 控制主要用于弧焊、喷漆等作业。

② 数控方式 数控方式与数控机床的控制方式一样,把目标轨迹用数值数据的形式给出。

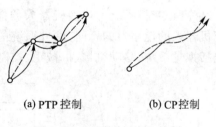

(a) PTP 控制　　　　　(b) CP 控制

图 6-9　PTP 控制和 CP 控制

--○--示教点,示教路径

——再生轨迹路径

无论是采用示教再现方式还是采用数控方式,都需要生成点与点之间的目标轨迹。此种目标轨迹要根据不同的情况和要求生成,但是也要遵循一些共同的原则。例如,生成的目标轨迹应是实际上能实现的平滑的轨迹;要保证位置、速度及加速度的连续性。保证手端轨迹、速度及加速度的连续性,是通过各关节变量的连续性实现的。

3．力(力矩)控制

在完成装配、抓放物体等工作时,除要准确定位之外,还要求使用适度的力或力矩进行工作,这时就要利用力(力矩)控制方式。机器人擦玻璃、转动曲柄、拧螺钉等都属于机器人手端与环境接触而产生的同时具有位置控制和力控制的问题。这类位置控制和力控制融合在一起的控制问题就是位置和力混合控制问题。步行机器人在行走时,足与地面的接触力在不断变化,对腿的各关节控制是一个典型且严格的位置和力混合控制问题。腿在支撑状态时,由于机体的运动,支撑点与步行机器人重心间的相对位置在不断变化,导致足与地面接触力的不断变化,同时要对各关节的位置进行控制。在这种情况下,位置控制与力控制组成一个有机整体。力控制是在正确的位置控制基础上进一步的控制内容。

4．智能控制

① 智能机器人　视觉、触觉、听觉、味觉等对人类是极其重要的,因为这些感觉器官对人类适应周围的环境变化起着至关重要的作用。同样,对于智能机器人来说,类似的传感器也是十分重要的。近年来,各种传感器的迅速发展以及人工智能的发展推进了智能机器人的发展。智能机器人是工业机器人从无智能发展到有智能、从低智能水平发展到高度智能化的产物。

智能机器人应该具备四种机能:运动机能——施加于外部环境的相当于人的手、脚的动作机能;感知机能——获取外部环境信息以便进行自我行动监视的机能;思维机能——求解问题的认识、推理、判断机能;人-机通信机能——理解指示命令,输出内部状态,与人进行信息交换的机能。实际上智能机器人与人工智能息息相关,人工智能是智能机器人的核心。

② 智能控制系统　智能机器人的体系结构主要包括硬件系统和软件系统两个方面。由于智能机器人的使用目的不同,硬件系统的构成也不尽相同,比较典型的结构如图6-10所示,主要包括视觉系统、移动机构、机械手、控制系统和人机接口。

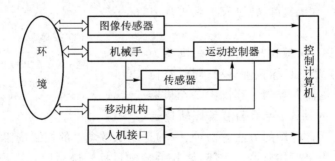

图6-10　智能机器人的硬件系统

160

四、机器人控制的基本单元

机器人控制系统的基本单元包括控制系统的硬件、电动机、驱动电路、运动特性检测的传感器和控制系统的软件等。

1．控制系统的硬件

控制系统的硬件由输入电路、单片机控制器、输出电路组成,以单片机控制器为核心,如图6-11所示。

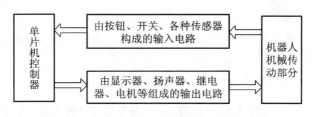

图 6-11　控制系统的硬件组成框图

① 输入电路　输入电路也称为前向通道,由按钮、开关、各种传感器等输入元件及其相应电路构成。人身上的感觉器官将感觉通过神经系统传到大脑,机器人身上的各种开关、传感器把各种命令、机器人所处的状态通过输入电路传到单片机控制器。根据输入元件及输入信号的形式不同,输入电路可以分为开关量输入电路和模拟量输入电路两种。表征开关的开闭、按钮按下与否、电磁阀的启闭等的物理量称为开关量,相应的电路就是开关量电路。表征某量的连续变化的信号,如反映温度随时间的连续变化的信号,称为模拟量,相应的电路就是模拟量电路。输入、输出是相对于单片机控制器而言的,进入单片机控制器的信号就是输入信号,相应的电路就是输入电路。经过单片机控制器的处理,从单片机控制器中传送出来使执行元件动作的信号就是输出信号。下面以按钮为例来了解输入电路。

按钮一般在启动或者停止机器人的时候使用,向机器人发布命令时也使用,如图6-12所示。图6-12b中,4584(U1A)是一个非门。S1按下时,1端是低电平,2端是高电平;S1打开时,1端是高电平,2端是低电平。4584的输出端2可以接到单片机的某输入管脚,实时把S1的状态输入单片机。

② 单片机控制器　单片机控制器是根据指令以及传感信息控制机器人完成一定的动作或作业任务的装置,它是机器人的心脏,决定了机器人性能的优劣。从机器人控制算法的处理方式来看,可分为串行、并行两种结构类型。所谓的串行处理结构是指机器人的控制算法由串行机来处理。对于这种类型的单片机控制器,从计算机结构、控制方式来划分,又可分为两种:单CPU结构-集中控制方式和二级CPU结构-主从式控制方式。并行处理结构就是采用多处理器作并行计算,提高单片机控制器的计算能力。无论哪种结构都离不开单片机。单片机又称微控制器,是把CPU、内存、输入/输出接口以及一些中断、定时电路等都集成在一片集成电路里的一种微型计算机,主要用于各种机电产品的控制,目前已在很多领域获得应用,机器人的控制核心就是单片机。输入信号要在这里处理,输出信号从这里生成。单片机就是简易机器人的大脑,是简易机器人的信息处理中心。

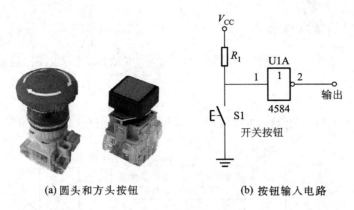

(a) 圆头和方头按钮   (b) 按钮输入电路

图 6-12　按钮及输入电路

③ 输出电路　输出电路也称为后向通道,由各种显示器、扬声器、光电隔离器、继电器、电机等输出元件及相应电路构成。输出信号通过输出电路传递给执行机构,使执行机构完成指定的功能,如同人的面部、嘴巴、肌肉骨骼运动系统等接到大脑经神经系统传到的命令,做出各种表情、发出各种声音、做出各种动作。根据输出元件及输出信号的不同,输出电路可以分为开关量输出电路和模拟量输出电路两种。

2. 电动机

驱动机器人运动常见的有液压驱动、气压驱动、直流伺服电动机驱动、交流伺服电动机驱动和步进电动机驱动。电动机驱动是常用的一种方式。

① 直流电动机　直流电动机一般由电枢、永磁体、换向器和电刷等几部分组成。传统的直流电动机随电压及电流的变化,输出相应的速度及转矩。但电动机转子重,惯量大,难以满足机器人关节频繁快速启动、变速与变扭矩运行及停止时达到位姿准确度高的要求。因此,需要特殊形状的低惯量直流伺服电动机,采用光电编码器、测速电机等检测元件反馈位置及速度;研制有速度、位置、电流反馈的伺服驱动器,以适应变速及变扭矩的要求;采用制动器及减速器,以提高位姿准确度。直流伺服电动机驱动的原理如图 6-13 所示。

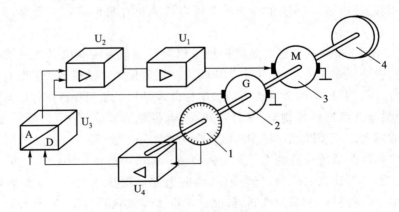

图 6-13　直流伺服电动机驱动原理

1—光电编码器;2—测速电机;3—直流伺服电动机;4—制动器

162

小惯量电动机由静止到最高速度或由最高速度到停止的时间很短,例如 5 kW 的盘型直流电动机的机械时间常数为 7 ms。直流伺服电动机的缺点是电刷产生电火花,功率不能太大,而且防爆性能差,不能用于喷漆等作业。

② 步进电动机　步进电动机由脉冲电流驱动,输入一个脉冲,转子走一步,即转一定角度,步进角大小与电动机结构及供电方式有关。通俗一点讲,每当步进驱动器接收到一个脉冲信号,它就驱动步进电动机转动一个固定的角度(即步进角),带动机械移动一段距离。来一个脉冲,转一个步进角。角位移与输入脉冲数严格成正比,没有累计误差,具有良好的跟随性;控制脉冲频率,可以控制电动机转速;改变脉冲顺序,可以改变转动方向。

三相反应式步进电动机的结构及工作原理如图 6-14 所示。

定子上的每相绕组由两相对磁极上的线圈组成,三相为星形联结,定子极靴及转子铁心上均有小齿,它们的齿距相等。每个定子极靴上有三个小齿,相邻极靴上的小齿相互错开 1/3 齿距(若相数为 m,则错开 $1/m$ 齿距)。

当 A 相绕组通电时,转子齿与 A 相磁极上的小齿对齐,此时 B 相磁极上的小齿沿 ABC 方向领先转子齿 1/3 齿距。当切断 A 相电源,B 相绕组通电时,转子沿 ABC 方向转过 1/3 齿距,转子齿与 B 相磁极上的小齿对齐,转子就前进一个步进角。此时 C 相磁极上的小齿沿 ABC 方向领先转子齿 1/3 齿距。当 B 相绕组断电,C 相绕组通电时,转子沿 ABC 方向转过 1/3 齿距,转子齿与 C 相磁极上的小齿对齐,转子又前进了一个步进角。连续按 A—B—C—A… 顺序分别给各相绕组通电,转子就不停地沿 ABC 方向转动。若依 A—C—B—A… 顺序供电,转子就反向旋转。

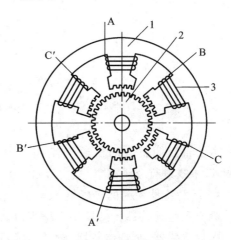

图 6-14　三相反应式步进电动机的
结构及工作原理
1—定子;2—转子;3—定子绕组

步进电动机驱动器按设定顺序及频率接通和断开步进电动机的绕组,供应足够的功率,使其带动负载(手臂、末端执行器、工件等)实现启动、运转及停止。控制系统按作业程序向驱动器发出设定频率及脉冲数目,就能使各关节协调动作。因而采用开环控制可以达到高的位姿重复性及中等速度。

与直流伺服驱动单元比较,步进电动机驱动可以节省制动器、测速电机及光电编码器等器件,驱动器也较简单,使用方便,维护容易。因而,步进电动机驱动的机器人价格低廉,没有电刷,不产生电火花,防爆性能较好,但其快速性及轨迹控制性能较差。

③ 交流伺服电动机　交流伺服电动机驱动系统由交流伺服电动机、功率电源、驱动器及光电编码器等组成,如图 6-15 所示。

与直流伺服电动机相比,交流伺服电动机没有机械整流子,可靠性高,不产生电火花,防爆性好,散热条件好,有利于提高电动机功率。因而,交流伺服电动机驱动系统有逐渐取代直流伺服电动机驱动系统的趋势。

3．驱动电路

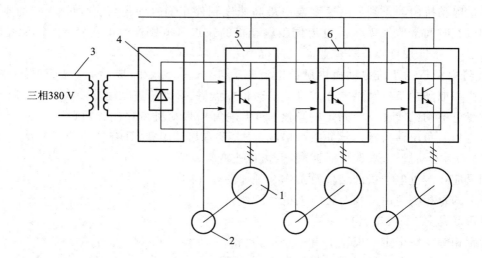

图 6-15　交流伺服电动机驱动系统组成

1—交流伺服电动机;2—光电编码器;3—三相隔离变压器;4—功率电源;5、6—驱动器

由于直流伺服电动机或交流伺服电动机的流经电流较大,机器人常采用脉冲宽度调制(PWM)方式进行驱动。

4. 运动特性检测的传感器

机器人运动特性传感器用于检测机器人运动的位置、速度、加速度等参数。机器人常用传感器有视觉传感器、听觉传感器、触觉传感器、接近觉传感器、嗅觉传感器和味觉传感器。

5. 控制系统的软件

控制系统软件方面包括控制系统的编程及程序调试等内容。由于机器人是一种"可编程的通用操作机",为使机器人完成用户所期望的作业,需对机器人进行编程。编程就是编制机器人作业程序,并将这种程序送入控制系统。机器人编程也可理解为使用者与机器人的交互通信。新开发的许多机器人采用机器人语言编程。

机器人语言类似于计算机高级语言,用描述符来说明机器人的动作,由编译或解析软件对用户程序进行编译或解析,以产生可作为控制指令的目标代码。机器人语言提供了一种较通用的机器人与操作者之间的接口界面,用户程序与机器人无关,同样的用户程序可适用于多种不同型号的机器人。机器人语言还能很方便地引入机器人与环境的相互关系,从而具有智能感觉信息和高级控制功能。机器人语言可分为两类:面向机器人的编程语言和面向作业对象的编程语言,或称为机器人级编程语言和作业级编程语言,在机器人级编程语言中,程序的描述符代表着机器人的动作,整个程序则描述了机器人为完成作业所需的一个动作序列。而在作业级编程语言中,程序所描述的是目标对象的一系列位姿序列,机器人动作则利用目标对象的位姿自动产生。

C 语言是一种通用的计算机语言,它既可以编写系统程序,也可以编写应用程序。当前,用C 语言开发单片机已成为一种流行趋势。与汇编语言相比,C 语言在功能、结构性、可读性、可维护性上有明显的优势。C 语言可以缩短开发周期、降低开发成本,并且可靠性高、可移植性好。应用于单片机上的 C 语言与单片机硬件是紧密相关的,一般不支持用户与计算机间的交互语句,如需要操作系统支持的输入/输出语句。另外,单片机中的 C 语言某些方面相对标准库有所改变和增强以适应目标处理器的更多细节特性,如支持位操作等。

Keil 是目前较流行的开发 MCS-51 系列单片机的软件,Keil 提供了包括 C 编译器、宏汇编、连接器、库管理和一个功能强大的仿真调试器在内的完整开发工具,通过一个集成开发环境(μVision)将这些部分组合在一起。掌握这一软件,对于从事 51 系列单片机编程来说是非常重要的,尤其对于需要使用 C 语言编程的情况来说更是必要的。

第四节　轮式机器人运动控制实例

机器人的各种动作是基于硬件的组装与软件的编程相协调实现的。硬件是载体,其组装质量的高低直接影响机器人的动作效果;软件是灵魂,机器人的动作是通过程序实现的,很多工作需求都可以在软件编程中得到充分的体现。

一、机器人基本动作控制

在这里将轮式机器人基本动作定义为机器人前进、机器人后退、机器人左转和机器人右转,首先需要掌握实现基本动作的控制。

1. 组装轮式机器人

轮式机器人需要具备机身、4 只减速直流电动机、电子控制主板、电源开关和电池等部件。其中,电子控制主板是机器人的控制核心,负责信息的接收、处理和执行指令的发出,教学机器人主板 TY51-ZB-298 如图6-16所示。

在进行组装之前,认真做好部件的检测是机器人制作的重要步骤,是机器人制作成功的前提条件。首先组装机身、电动机,然后安装主板、电源开关和电池等,组装中需要注

图 6-16　TY51-ZB-298 主板

意绝缘问题,防止因短路损坏器件或发生危险,在有可能发生短路的地方要加装绝缘垫,最后按照主板的接口功能说明(图6-17)将各电气插头与主板连接好:4.8 V 电池组接 P1 口,12 V 电池组接 P2 口,电动机控制线接 P5 口,再把导线整理整齐,用绑带绑扎好,一个简易的轮式机器人就制作成功了。

2. Keil 软件的使用

机器人之所以能自主运行,是因为在机器人的核心控制器中有程序软件,机器人按照事先由人编好的程序指令运行。单片机本身不具备自主开发能力,开发应用系统需要开发工具和软件才能进行。Keil 就是一种开发 MCS-51 系列单片机的软件。

(1)工程的创建

在一个项目的开发中,除源程序之外,还要有若干辅助文件,这些辅助文件记录选定的 CPU,确定编译、汇编、连接的参数,指定调试的方式等。有些较大的项目还需要由多个源文件组

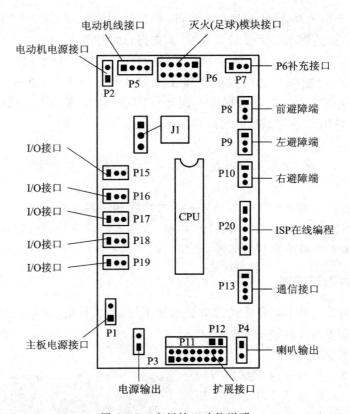

图 6-17　主板接口功能说明

成。为管理和使用方便,目前大多数的开发系统都使用"工程"这个概念,将设置的参数和所需的文件都加到一个工程中,统一对整体的工程进行编译(汇编)和连接等操作,而不是仅对单一的源程序进行编译(汇编)和连接。所以,首先需要建立"工程"的概念及进行创建"工程"的操作。

　　双击 μVision 的图标启动 Keil 软件。μVision 启动后,程序窗口的左面有一个工程管理窗口,该窗口有 5 个标签,分别是 Files、Regs、Books、Function 和 Templates。这几个标签页分别显示当前项目的文件结构、CPU 的寄存器及部分特殊功能寄存器的值(调试才出现)和所选 CPU 的附加说明文件等。如果是第一次启动 Keil,这些标签全是空的,如图 6-18 所示。

　　① 源文件的创建　使用菜单"File(F 文件)→New"或者单击工具栏的新建文件按钮,即可在项目窗口的右侧打开一个新的文本编辑窗口,在该窗口中可以输入语言程序。

　　② 创建工程文件　单击"Project(P 工程)→New Project(N 新建工程)"菜单,出现一个对话框,要求给将要创建的工程起一个名字,在编辑框中输入一个名字,单击"保存"按钮,出现第二个对话框,如图6-19所示,选择需要的 CPU 型号,然后单击"确定"按钮。

　　在工程管理窗口的"Files"页中,出现"Target 1",在前面有"+"号,单击"+"号展开,可以看到下一层的"Source Group 1",这时的工程还是一个空工程,里面什么文件也没有,需要添加源文

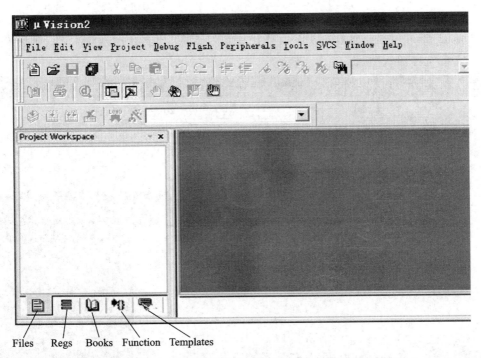

Files Regs Books Function Templates

图 6-18　工程管理窗口

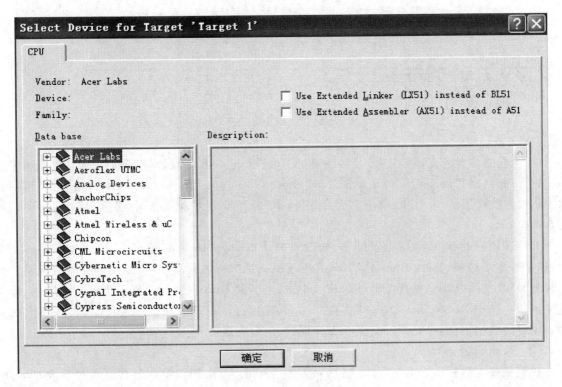

图 6-19　选择 CPU 型号

件。单击选中"Source Group 1",并单击鼠标右键,出现一个下拉菜单,如图6-20所示,选中其中的"Add Files to Group 'Source Group 1'",弹出一个对话框,要求寻找源文件。找到已有文件,双击所需文件,将文件加入项目。

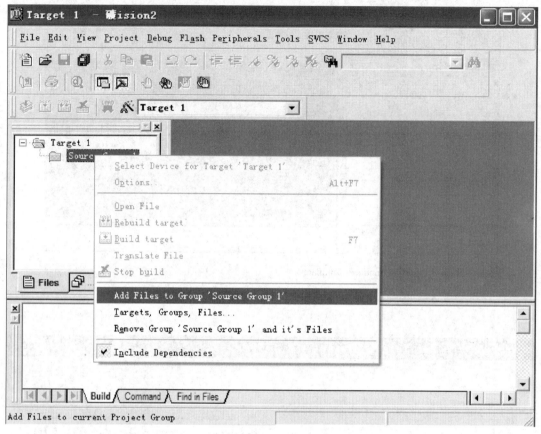

图6-20　添加源文件

③ 工程的设置　工程创建好以后,还要对工程进行进一步的设置,以满足要求。首先选中左边工程管理窗口的"Target 1",然后单击菜单"Project(P 工程)→Option for target 'target1'",即出现该工程设置的对话框,这个对话框比较复杂,共有10个页面,无特殊要求时,设置取默认值即可,如图6-21所示。

有特殊要求时,进行相应设置操作,如设置对话框中的"OutPut(输出)"页面,如图6-22所示,这里有多个选项,其中"Creat HEX File"用于生成可执行代码文件(可以用编程器写入单片机芯片的 HEX 文件),默认情况下该项未被选中,这里需要 HEX 文件对机器人进行在线编程,必须选中该项。选中"Debug Information"将会产生调试信息,这里需要对程序进行调试,必须选中该项。设置完成后确认返回主界面,工程文件创建、设置完成。

（2）程序编制、编译与连接

在设置好工程后即可编制程序,然后对编制完成的程序进行编译、连接。选择菜单"Project(P 工程)→Build target(B 创建目标)",对当前工程进行连接。如果当前文件已修改,软件会先

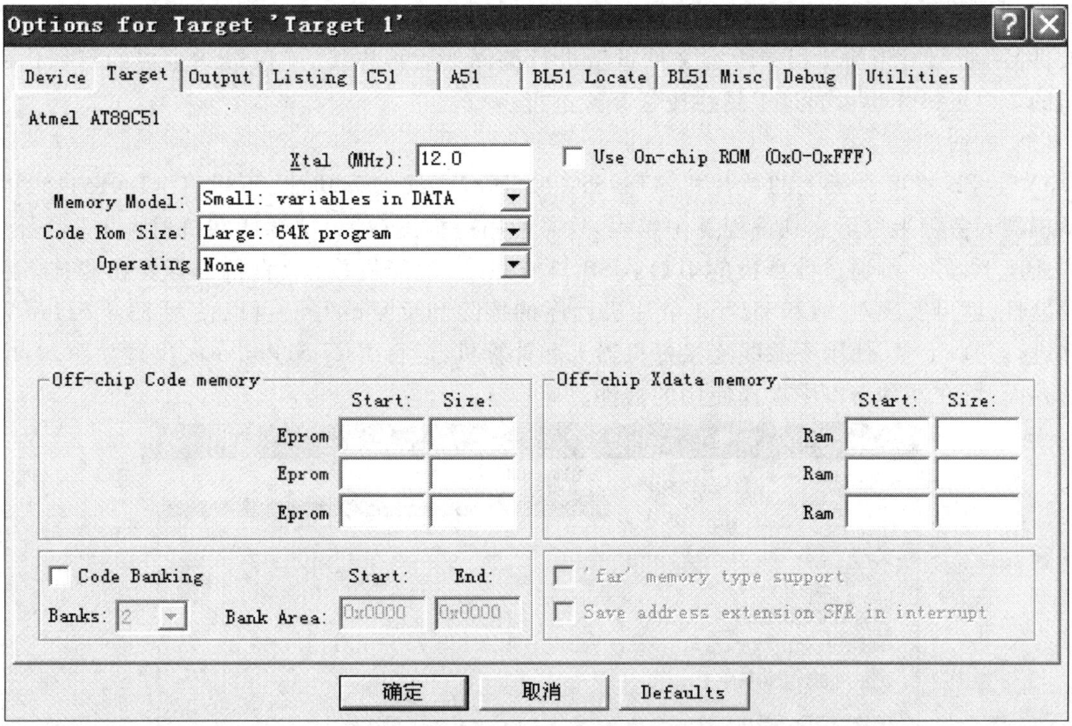

图 6-21 工程设置

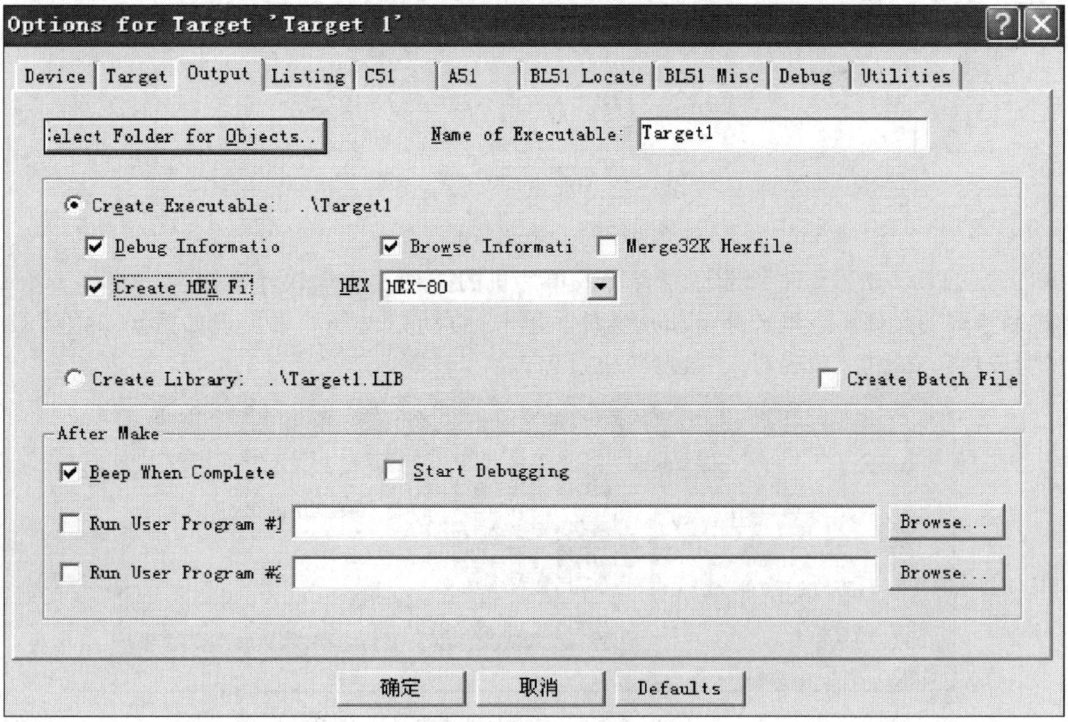

图 6-22 输出页面

对该文件进行编译,然后再连接以产生目标代码;如果选择"Rebuild all target files(R 重建全部目标文件)",将会对当前工程中所有文件重新进行编译然后再连接,确保最终生成的目标代码是最新的。以上操作也可通过工具栏按钮直接进行。

（3）在线编程

TY51-ZB-298 主板上的单片机 AT89S51/52 具有在线编程功能,不用将 AT89S51/52 单片机从机器人主板上取下拿到编程器中编程,只需使用一根下载线,一端插在机器人主板上的 ISP 编程插座上,另一端通过计算机的串口、USB 口或并口(打印机接口)直接与计算机相连。利用编程软件,就可实现对 AT89S51/52 单片机程序的擦除和反复改写。可以使用 Easy 51Pro v2.0 软件进行并口下载,使用下载线连接好机器人和计算机,运行 Easy 51Pro. exe,出现如图 6-23 所示的界面,可在器件窗口中选择使用的器件。

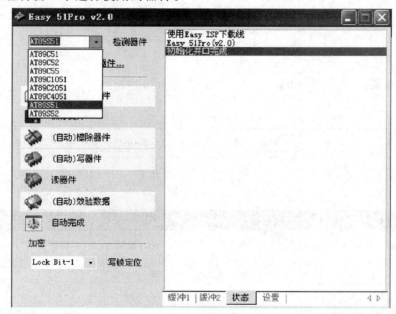

图 6-23　下载程序主界面

单击"(自动)打开文件",选择需要写入单片机的文件。这个软件支持 *. bin 和 *. hex 两种二进制格式的文件。这里选择 *. hex 文件。单击"自动完成",如果出现如图 6-24 所示的信息,说明成功完成擦除、编程写入、校验等全过程。

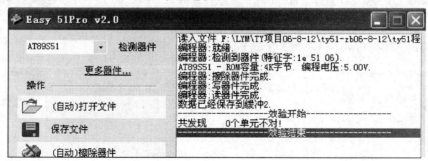

图 6-24　完成在线编程

170

3．流程图设计

轮式机器人的前进、后退、左转和右转的流程图如图6-25所示，每个动作都执行500 ms。

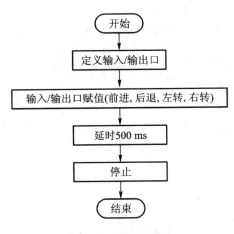

图6-25　流程图

4．机器人的程序设计

运行 Keil 软件创建新的工程，并新建一个文件，在文本编辑窗口中输入程序。完成后，将文件保存为 *. c 类型的文件。如图6-26所示是机器人前进的程序设计。单片机 P0.0 和 P0.1 端口控制机器人左侧电动机动作，P0.2 和 P0.3 端口控制机器人右侧电动机动作，P0.4 是使能端口。

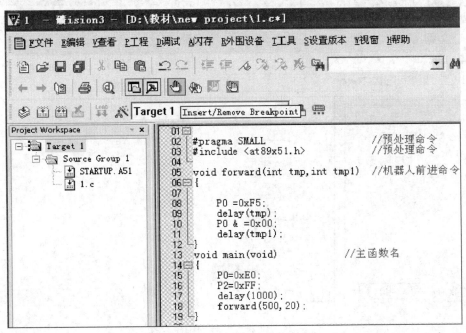

图6-26　机器人前进的程序设计

如图 6-27 所示是机器人后退的程序设计。

图 6-27　机器人后退的程序设计

如图 6-28 所示是机器人左转的程序设计。

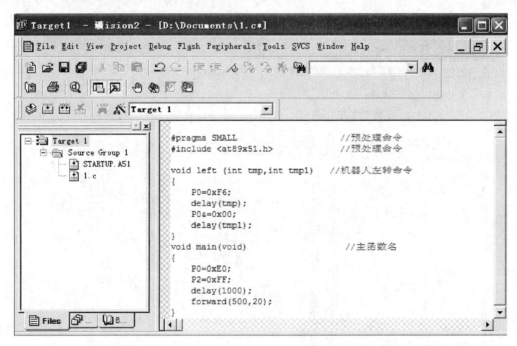

图 6-28　机器人左转的程序设计

如图 6-29 所示是机器人右转的程序设计。

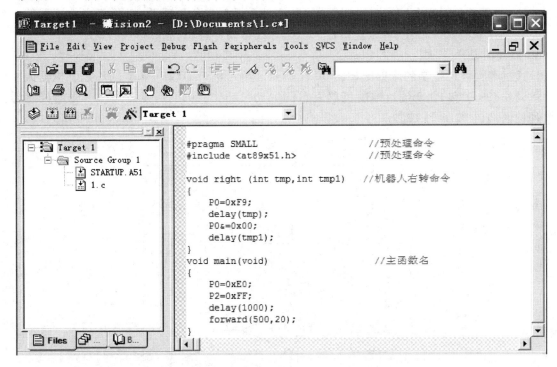

图 6-29　机器人右转的程序设计

分别将 4 个程序编译后，下载到机器人中，打开电源，观察机器人的运动。

二、机器人寻迹控制

所谓机器人寻迹控制就是机器人能自动检测地面的引导线，并沿引导线前进，不允许脱离引导线。对机器人进行寻迹控制，需要设置特定场地，这里将场地设置为白色，在场地中任意粘贴宽 5 cm 的黑色引导线，引导线由直线段、弯曲线段和直角转弯线段组成，各线段间是连续的。要求机器人能自动检测地面的引导线，并沿引导线前进，不允许脱离引导线。

1. 组装机器人

只需要在前面组装的轮式机器人的基础上，再安装一个能够自动检测引导线的传感器就能实现寻迹控制。在这里使用的传感器是光电传感器，如图 6-30 所示。

(a) 光电传感器调节模块　　　　　　(b) 光电传感器下半部分

图 6-30　光电传感器实物图

光电传感器可以识别白色和黑色（或有色差的颜色）。光电传感器识别不同的颜色时显示不同电位，如黑色呈现高电位（光电传感器的电位显示灭），白色呈现低电位（光电传感器的电位显示亮），利用它的这一特性，可以让机器人沿引导线自动寻迹。

2. 流程图设计

轮式机器人寻迹控制的流程图如图6-31所示。单片机 P0.0 和 P0.1 端口控制机器人左侧电动机动作，P0.2 和 P0.3 端口控制机器人右侧电动机动作，P0.4 是使能端口。光电传感器占用单片机的端口 P2.6 和 P2.7。

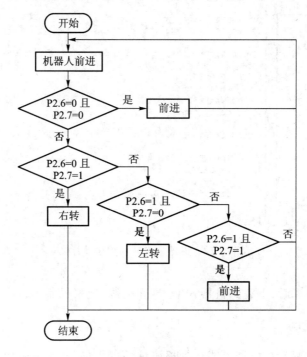

图6-31　流程图

3. 机器人的程序设计

运行 Keil 软件创建新的工程，并新建一个文件，在文本编辑窗口中输入程序。完成后，将文件保存为 *.c 类型的文件。下面是机器人寻迹控制的程序设计。其中机器人左转和右转命令请学生自己完成。

```
#pragma SMALL                    /* 预处理命令 */
#include <at89x51.h>             /* 预处理命令 */
void forward(int tmp, int tmp1)  /* 机器人前进命令 */
{
    P0 = 0xF5;
    delay(tmp);
    P0& = 0x00;
    delay(tmp1);
```

174

```
}
void left(int a,int b)                    /* 机器人左转命令 */
{  }
void right(int c,int d)                   /* 机器人右转命令 */
{  }
void main(void)                           /* 主函数名 */
{
  P0 = 0xE0;
  P2 = 0xFF;
  delay(1000);
  for( ; ;)
    {
      if(P2_6 = = 0 & P2_7 = = 0)    /* 左、右两侧光电传感器都探测到白色 */
      forward(10,20);
      else
      if(P2_6 = = 0 & P2_7 = = 1)    /* 左侧传感器探测到白色,右侧传感器探测到黑色 */
        right(10,20);
      else
      if(P2_6 = = 1 & P2_7 = = 0)    /* 左侧传感器探测到黑色,右侧传感器探测到白色 */
        left(10,20);
      else
        forward(10,20);
    }
}
```

将程序编译后,下载到单片机里,打开电源,观察机器人的运动。

三、机器人运动控制综合实例

这里以相扑机器人为例,讲解如何实现较复杂的综合运动控制。

1. 任务及场地说明

进行相扑的双方机器人在圆形擂台上角逐,能够将对方机器人推下擂台的一方机器人获胜。如图 6-32 所示为相扑场地示意图。擂台地面的颜色为浅白色,机器人的正常活动区域为黑色胶带标记的两个圆之间。

2. 组装相扑机器人

前面已经介绍了光电传感器的使用和调节,利用光电传感器可以通过检测地面的黑色,使机器人发现地面黑线就调整方向,退回到场地中,使机器人自身不出界。那么机器人怎么检测识别对方机器人,从而将其推下擂台呢? 这里可使用红外避障传感器。下面简要介绍红外避障传感器的原理与应用。

(1) 红外避障传感器

红外避障传感器主要由晶体振荡器、红外线发射管、红外线接收管、可调电位器和工作指示灯组成。如图 6-33 所示是红外避障传感器实物图。

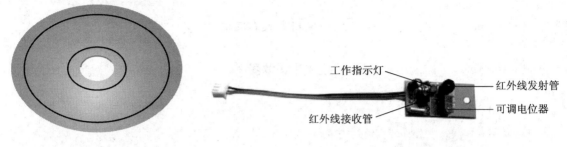

图 6-32　相扑场地示意图　　　　　　图 6-33　红外避障传感器实物图

红外避障传感器与光电传感器的原理类似,也是由发射器和接收器组成,只不过红外避障传感器发射和接收的是红外波段的光线。它是一种被动式红外线传感器。它由 38 kHz 石英晶体振荡器、红外线发射管和红外线接收管组成。发射管发射 38 kHz 调制的红外线信号,遇到障碍后反射回来,被接收管接收。当在有效距离内遇到障碍时,接收管输出低电平。程序通过检测接收管的输出电平,即可知道是否有障碍物存在。如图 6-34 所示是红外避障传感器示意图。

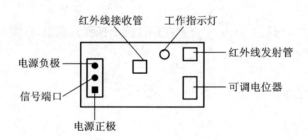

图 6-34　红外避障传感器示意图

（2）搭建相扑机器人的车体

相扑机器人实现的方式比较多,可以根据自己准备采用的策略,实际搭建自己认为理想的相扑机器人车体。例如,可以降低机器人的重心;增加机器人的重量;为机器人装上"铠甲";为机器人加上铲子等。

（3）安装及调试光电传感器

建议在机器人前边和后边各安装一个光电传感器,这样在行进中可以更好地避免机器人掉下擂台。前边的光电传感器占用单片机的端口为 P2.6 和 P2.7,后边的光电传感器占用单片机的端口为 P2.4 和 P2.5。安装完成后将传感器在场地上调节好。

（4）安装及调试红外避障传感器

机器人安装了红外避障传感器以后,当对方机器人靠近时,可以将其视为障碍物,加速撞击对方机器人,实现将对方机器人推下擂台。机器人仅依靠识别前方的障碍物行进是不够的,根据情况可以增加传感器的数量,建议在机器人前边、左边、右边和后边各安装一个红外避障传感器,机器人就可以在各个方向发现对方机器人了。

相扑机器人前边、左边、右边和后边的红外避障传感器分别占用的单片机的端口为 P0.5、P0.6、P0.7 和 P2.3。安装完成后将各个红外避障传感器检测的距离调节好。

3. 分析及绘制程序流程图

机器人一旦出了边线,掉下擂台就不能返回场地了,也就意味着对方机器人获胜,所以首先要考虑不出界,可以利用光电传感器实现。前边的光电传感器发现黑线后,机器人就后退,后边的光电传感器发现黑线后,机器人就前进。其次,相扑机器人在场地上应能尽快找到对方机器人,然后采用某种方式将对方推下擂台,可以考虑转向或加速后退。机器人在对抗过程中,要注意硬件设备的安全,否则有可能损坏电动机。为了避免发生此类情况,可以在机器人前、后位置安装碰撞传感器,当两个机器人对抗相持达到规定时间时,让机器人自动分开,避免烧坏电动机。

相扑机器人流程图如图 6-35 所示。

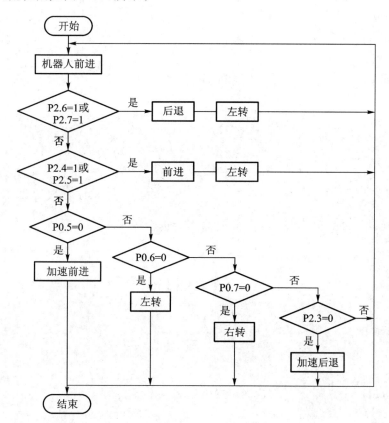

图 6-35　相扑机器人流程图

4. 程序设计

运行 Keil 软件创建新的工程,并新建一个文件,在文本编辑窗口中输入程序。完成后,将文件保存为 *.c 类型的文件。下面是相扑机器人的程序设计。

```
#pragma SMALL          /* 预处理命令 */
#include <at89x51.h>    /* 预处理命令 */
```

```c
void forward(int tmp,int tmp1)        /* 机器人前进命令 */
{
    P0 = 0xF5;
    delay(tmp);
    P0& = 0x00;
    delay(tmp1);
}
void left(int a,int b)                /* 机器人左转命令 */
{
    P0 = 0xF6;
    delay(a);
    P0& = 0x00;
    delay(b);
}
void right(int c,int d)               /* 机器人右转命令 */
{
    P0 = 0xF9;
    delay(c);
    P0& = 0x00;
    delay(d);
}
void backoff(int e,int f)             /* 机器人后退命令 */
{
    P0 | = 0x0A;
    P0 | = 0x10;
    delay(e);
    P0& = 0xE0;
    delay(f);
}
void main(void)                       /* 主函数名 */
{
    P0 = 0xE0;
    P2 = 0xFF;
    delay(1000);
    for(;;)
    {
        forward(10,10);
        if(P2_6 = = 1 | P2_7 = = 1) /* 前边光电传感器探测到黑色 */
```

```
    backoff(10,10);;                        /*后退*/
    left(10,10);                            /*左转*/
    else
        if( P2_4 = =1 | P2_5 = =1)          /*后边光电传感器探测到黑色*/
        forward(10,10);                     /*前进*/
        left(10,10);                        /*左转*/
    else
        if( P0_5   = =  0)                   /*前边红外避障传感器检测到机器人*/
        forward(80,5);                      /*加速前进*/
    else
        if( P0_6 = = 0)                      /*左边红外避障传感器检测到机器人*/
        left(10,20);                        /*左转*/
    else
        if( P0_7 = = 0)                      /*右边红外避障传感器检测到机器人*/
        right(10,20);                       /*右转*/
    else
        if( P2_3 = = 0)                      /*后边红外避障传感器检测到机器人*/
        backoff(80,5);                      /*加速后退*/
    forward(10,20);
    }
}
```

将程序编译后,下载到机器人,打开电源,观察相扑机器人的运动。

习 题 六

1. 机器人是如何定义的? 它必须具备哪3个特征?
2. 简述机器人的分类及发展?
3. 机器人由哪几部分组成?
4. 机器人通常采用哪些驱动系统? 各种驱动系统的特点是什么?
5. 机器人机械系统通常由哪几部分组成?
6. 说明机器人控制系统的概念及特点。
7. 机器人控制系统的基本单元包括哪几部分?
8. 如何控制轮式机器人实现前进、后退、左转及右转等基本动作?

第七章 恒压供水控制系统

第一节 概 述

一、基于 PLC 与变频器进行恒压供水的意义

随着社会经济的飞速发展,城市建设规模的不断扩大,人口的增多以及人们生活水平的不断提高,人们对城市供水的数量、质量、经济性、稳定性提出了越来越高的要求。

原有自来水厂供水系统比较落后,只是简单地通过交流接触器接通外电运行,全部机组的控制都依赖手工操作,接触器控制过程繁琐,手动控制系统无法对供水管网的压力和水位变化及时作出恰当的反应。机组通过自耦降压起动,电流对机组的冲击较大。为保证供水,机组通常处于满负荷运行状态,不但效率低、耗电量大,而且城市管网长期处于超压运行状态,损耗也十分严重。为满足城市发展对于供水质量的要求,降低供水厂单位供水能耗,保证可靠、稳定地满足城市供水需求,需要对原有供水系统进行自动化改造,将原有的取水系统和供水系统都改为变频调速系统,实现对整个系统的自动化控制和计算机监测管理。

采用 PLC 和变频调速技术研制 PLC 控制变频调速恒压供水系统,对传统水厂的取水泵房和供水泵房进行技术改造,保留其原有的手动控制系统,分别增加 PLC 和变频器及辅助控制单元,与现场压力传感器一起组成各自的闭环控制系统。并通过与上位机进行数据通信,将数据上传到上位机实现数据的处理、管理与状态监控,每天 24 小时不间断地按预先设定的水位及水压恒定地向城市供水,保证水厂的不间断生产。通过该项目的研制和应用,不仅能够节约宝贵的水、电资源,降低生产和维修成本,减少设备维护,而且提高了整个水厂的生产调度管理水平,减轻了工人劳动强度,有效地提高了生产率。

二、水泵电机的调控技术

在供水企业中,水泵的电能消耗及设备的维护管理费用在生产成本中占有很大的比例。水泵电动机作为一种高耗能通用机械,其耗电量占全国总耗电量的 21% 以上,具有很大的节能潜力。由于常规恒速供水系统是采用常规的阀门来控制供水量的,而轴功率与转速的三次方成正比,造成相当一部分电能消耗在阀门和在额定转速下运行的电机上。因此,这种调控方式虽然简单,但从节约能耗的角度来看很不经济。近年来,电机调速技术的应用为水泵电动机的节能开辟了一个新途径。它可以通过调节电动机的转速来适应水量和水压的变化,使水泵始终在高效区工作,大大地降低水泵能耗,合理地进行设备管理与维护,对节约能源和提高供水企业的经济效益具有极其重要的意义。

水泵的设计负荷是按最不利条件下最大时流量及相应扬程设定的。但实际运行中水泵每天只有很短的时间要提供最大时流量,其流量随外界用水情况在变化,扬程也因流量和水位的变化

而变化。因此水泵不能总保持在一个工况点上，需要根据实际情况进行控制。通常采用的方法有阀门控制和调速控制。阀门控制通过增加管道的阻抗而达到控制流量的目的，浪费了能量；而电动机调速控制可以通过改变水泵电动机的转速来变更水泵的工况点，使其流量与扬程适应管网水量的变化，维持压力恒定，从而达到节能效果。

由流体力学可知，水泵给管网供水时，水泵的输出功率 P 与管网的水压 H 及出水流量 Q 的乘积成正比；水泵的转速 n 与出水流量 Q 成正比；管网的水压 H 与出水流量 Q 的平方成正比。由上述关系可知水泵的输出功率 P 与转速 n 的三次方成正比，即

$$P = k_1 HQ \tag{7-1}$$

$$n = k_2 Q \tag{7-2}$$

$$H = k_3 Q^2 \tag{7-3}$$

$$P = kn^3 \tag{7-4}$$

式中 k_1、k_2、k_3 为比例常数。当系统出水流量减小时，通过变频调速装置将供水水泵转速调小，则水泵的输出功率将随转速的变化而减小。变频调速节能原理图如图 7-1 所示。图 7-1 中曲线 1、2、3 为管网阻力特性曲线，曲线 4 为水泵转速为 n_1 时的运行特性曲线，曲线 5 为水泵转速为 n_2 时的运行特性曲线。

水泵原来的工作点为曲线 3 和曲线 4 的交点 A，此时出水流量为 Q_1，管网压力为 H_1，水泵转速为 n_1。当系统的出水流量减小到 Q_2 时，系统管网阻力特性为曲线 1，曲线 1 和曲线 4 的交点 B 为运行工作点。此时管网压力为 H_2，水泵的输出功率正比于 $H_2 \times Q_2$。由于 $H_2 > H_1$，高出的压力能量被浪费了，同时过高的压力对管网和设备还可能造成危害。如果采用变频调速装置，将此时水泵的转速调至 n_2，曲线 5 和曲线 2 的交点 C 为水泵的运行工作点。调速后管网的压力仍保持为 H_1，出水流量为 Q_2，水泵的输出功率正比

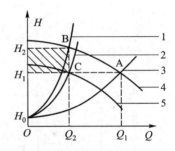

图 7-1　变频调速节能原理图

于 $H_1 \times Q_2$。从图 7-1 中可见，阴影部分正比于浪费的功率输出。例如，当 Q_2 为 Q_1 的 80% 时，通过调速将 n_2 调为 n_1 的 80%，则水泵的输出功率 P_2 为 P_1 的 51.2%，如不采用调速控制，48.8% 的能量将被浪费，可见变频调速的经济效益十分可观。

下面以一个实例说明应用变频器后的水泵供水的节能效果。

某供水系统应用 3 台 7.5 kW 的水泵电动机，假设每天运行 16 h，应用变频器前 16 h 全部以额定转速运行；应用变频器后，4 h 为额定转速运行，其余 12 h 为 80% 额定转速运行，一年运行 365 天。

应用变频器后节约的电能为

$$\Delta W = 7.5 \times 12 \times \left[1 - (80/100)^3\right] \times 365 \text{ kW} \cdot \text{h} = 16\,031 \text{ kW} \cdot \text{h}$$

若 1 kW · h 电价为 0.6 元，则一年可以省电费

$$0.6 \times 16\,031 \text{ 元} = 9\,618.6 \text{ 元}$$

传统供水系统采用 PLC 与变频器后，彻底取消了高位水箱、水池、水塔和气压罐供水等传统的供水方式，消除了水质的二次污染，提高了供水质量，并且具有节省能源、操作方便、自动化程度高等优点。改造后供水调峰能力明显提高，同时大大减少了开泵、切换和停泵次数，减少了对

设备的冲击,延长了设备使用寿命。与其他供水系统相比,该系统节能效果达 20%~40%。该系统可根据用户需要任意设定供水压力及供水时间,无需专人职守,且具有故障自动诊断报警功能。由于无需高位水箱、气压罐,节约了大量钢材及其他建筑材料,大大降低了投资。该系统既可以用于生产、生活用水系统,也可以用于热水供应、恒压喷淋等系统。因此应用 PLC 与变频器的恒压供水控制系统具有广阔的应用前景。

第二节 恒压供水控制系统的组成

PLC 控制变频调速恒压供水系统由可编程序控制器(PLC)、变频器、水泵电动机组、压力传感器、工控机以及接触器控制柜等构成。系统采用一台变频器拖动 2 台电动机起动、运行与调速,其中一台小容量电动机(160 kW)和一台大容量电动机(220 kW)分别采用循环使用的方式运行,每台水泵后配备电动阀门进行水路通断控制。通过压力传感器采样管网压力信号,变频器输出电动机频率信号,这两个信号反馈给 PLC 的 PID 模块,PLC 根据这两个信号经 PID 运算发出控制信号,控制水泵电动机进行切换。PLC 上接工控计算机,工控计算机装有监控软件,对恒压供水系统进行监测控制。PLC 控制变频调速恒压供水系统如图 7-2 所示。

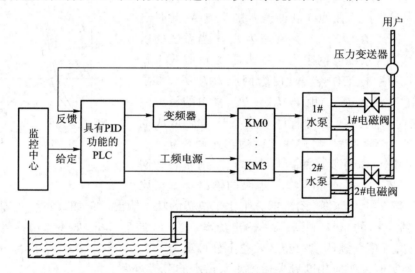

图 7-2 PLC 控制变频调速恒压供水系统

一、主电路

恒压供水控制系统的主电路采用一台德国 SIEMENS 公司的 MM440 变频器连接 2 台水泵电动机,其中 1#水泵电动机是小容量电动机,具有变频/工频两种工作状态,通过两个接触器 KM1、KM2 与工频电源和变频器输出电源相连;2#水泵电动机是大容量电动机,只有变频工作状态,只通过一个接触器 KM3 与变频器主电路输出端子(U、V、W)连接。变频器前面接入交流接触器 KM0 进行变频器供电控制。所有接触器都要依据电动机的容量适当选择。同时热继电器可以实现对电动机的过热保护。在变频器起动、运行和停止操作中,必须用触摸面板的运行和停止键或者外控端子来操作,不得以主电路的通断来操作,主电路如图 7-3 所示。水泵阀门使用的是两个动断的电磁阀,控制电磁阀的线圈得电与否即可控制阀门打开与关闭。

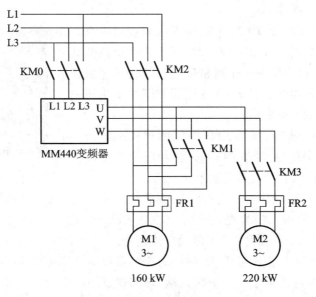

图 7-3　主电路图

MM440 变频器的电路分为两大部分:一部分是完成电能转换(整流、逆变)的主电路;另一部分是收集、变换和传输信息的控制电路。

(1) 主电路

主电路输入电源为单相或三相恒压恒频的正弦交流电源,经整流电路转换成恒定的直流电,供给逆变电路。逆变电路在 CPU 的控制下,将恒定的直流电逆变成电压和频率均可调的三相交流电供给电动机负载。MM440 变频器直流环节是通过电容进行滤波的,因此属于电压型交—直—交变频器。变频器主电路如图 7-4 所示。

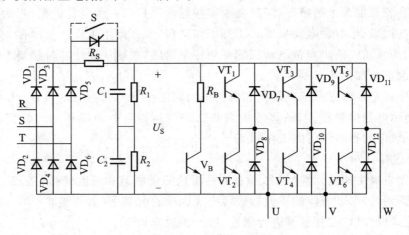

图 7-4　变频器主电路

（2）控制电路

控制电路由 CPU、模拟输入、模拟输出、数字输入、输出继电器触点、操作板等组成,控制电路接线端子排列如图 7-5 所示。

在图 7-6 中,端子 1、2 是 10 V 直流稳压电源接口。当采用模拟电压信号输入方式输入给定频率时,为了提高交流变频调速系统的控制精度,必须配备一个高精度的直流稳压电源作为模拟电压输入的直流电源。MM440 变频器端子 1、2 为用户提供了一个高精度的直流电源。

图 7-5 MM440 变频器
控制电路接线端子

模拟输入端子 3、4 和 10、11 为用户提供两对模拟电压给定输入端作为频率给定信号,经变频器的模/数转换器将模拟量转换成数字量,并传输给 CPU 来控制系统。

数字输入端子 5、6、7、8、16、17 为用户提供了 6 个完全可编程的数字输入端,数字输入信号经光电隔离输入 CPU,对电动机进行正反转、正反向点动、固定频率值设定控制等。

输入端子 9、28 是 24 V 直流电源端,用户为变频器控制电路提供 24 V 直流电源。

输入端子 14、15 为电动机过热保护输入端;输入端子 29、30 为 RS-485(USS 协议)端。

输出端子 12、13 和 26、27 为两对模拟输出端;输出端子 18、19、20、21、22、23、24、25 为输出继电器的触点。

二、控制电路

由于恒压供水控制系统的控制设备相对较少,因此 PLC 选用德国 SIEMENS 公司的 S7-200型。S7-200 型 PLC 结构紧凑,价格低廉,具有较高的性价比,广泛适用于一些小型控制系统。

在整个控制系统中,所有水泵电动机、阀门的动作,都是按照 PLC 的程序逻辑来完成的。模拟量的输入和输出选用 SIEMENS 公司的模拟量扩展模块 EM235,PLC 自带 PID 功能进行闭环调节,控制变频器模拟量输入端子进行水泵电动机的变频调速。为防止出现一台水泵电动机同时接在工频电源和变频电源上的情况,同时要求变频器始终只与一台电动机相连,而且当大容量电动机变频工作的时候,小容量电动机要么工频工作运行,要么停止工作。所以在大容量电动机变频工作的时候,要自动切断小容量电动机的变频控制电路,在硬件设计的时候要考虑它们之间互锁的问题。控制电路如图 7-7 所示。

控制电路中还必须考虑系统电动机和阀门的当前工作状态指示灯的设计,为了节省 PLC 的输出端口,将指示灯与接触器、电磁阀的线圈并联来控制相应电动机和阀门的指示灯的亮和熄灭,指示当前系统电动机和阀门的工作状态。

1. 压力变送器

压力变送器主要由测压元件(也称压力传感器)、测量电路和过程连接件三部分组成。它能将测压元件感受到的气体、液体的压力参数转变成标准的电信号(如直流 4~20 mA 等),以供给指示报警仪、记录仪、PLC 控制器等进行测量、指示和过程调节。

压力变送器将水压这种压力信号转变成电流(直流 4~20 mA)信号,压力信号数值和电流大小呈线性关系,一般是正比关系,所以变送器输出的电流随水压的增大而增大。压力变送器如

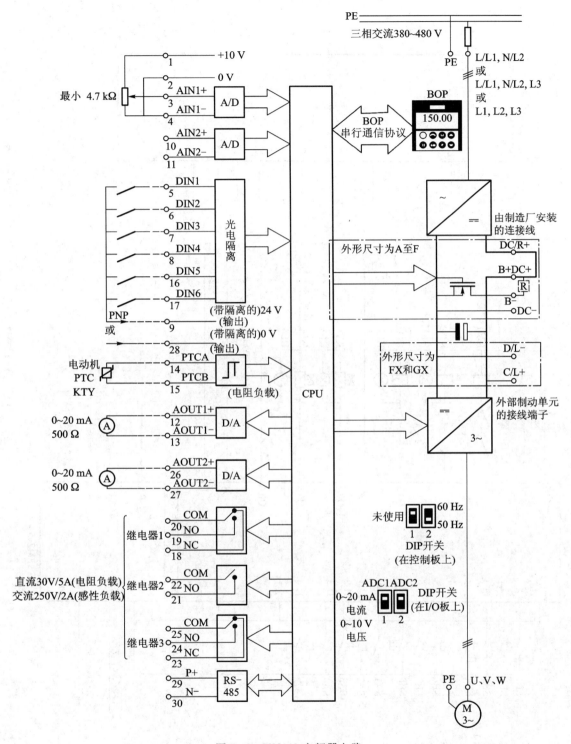

图 7-6 MM440 变频器电路

185

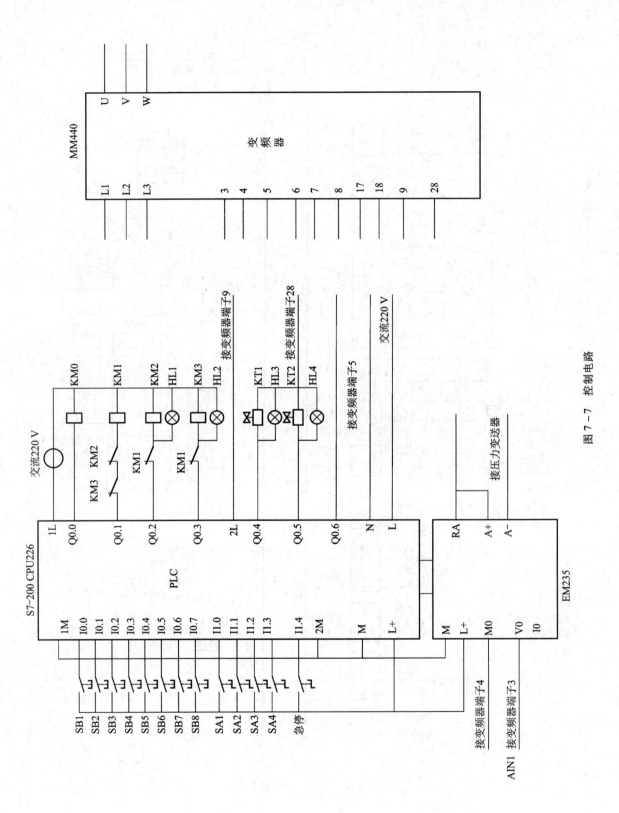

图 7 - 7 控制电路

图 7-8 所示。

两线制压力变送器(电流型)接线图如图 7-9 所示。

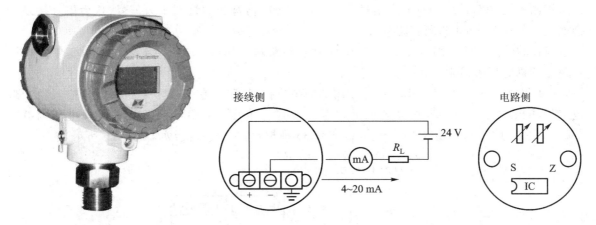

图 7-8　压力变送器　　　　　　图 7-9　两线制压力变送器(电流型)接线图

2. PLC 的选型

根据控制系统实际所需端子数目,考虑 PLC 端子数目要有一定的预留量,为以后新设备的介入或设备调整留有余地,因此选用的 S7-200 型 PLC 的主模块为 CPU226,其开关量输出(DQ)为 16 点,输出形式为继电器输出;开关量输入为 24 点,输入形式为+24 V 直流输入。

此外,为了方便地将管网压力、水泵电动机频率等信号传输给 PLC,选择了 EM235 模拟量扩展模块。该模块有 4 个模拟输入(AIW)和 1 个模拟输出(AQW)信号通道。输入信号接入端口时能够自动完成 A/D 转换,标准输入信号能够转换成一个字长(16 b)的数字信号;输出信号接出端口时能够自动完成 D/A 转换,一个字长(16 b)的数字信号能够转换成标准输出信号。EM235 模块可以针对不同标准输入信号,通过 DIP 开关进行设置。

系统中 PLC 的选型包括一个 CPU226 主模块,一个 EM235 模拟量扩展模块。如此 PLC 总共有 24 个数字信号输入,16 个数字信号输出,以及 4 个模拟信号输入,1 个模拟信号输出。输入和输出均有余量,可以满足日后系统扩充的要求。

3. PLC 输入/输出端口

(1) PLC 的开关量输入/输出端口

PLC 的输入/输出点数根据控制系统设计要求和所需控制的现场设备数量加以确定。

① 输入端口　恒压供水控制系统 PLC 的开关量输入端口包括急停按钮,1#水泵、2#水泵的起动和停止按钮,1#电磁阀、2#电磁阀的起动和停止按钮,起动/停止、白天/黑夜、近地/远程、手动/自动选择开关,变频器 MM440 运行频率达到工频 50 Hz 时的输出信号。

② 输出端口　PLC 的开关量输出端口包括变频器 MM440 供电接触器 KM0 的动作;1#水泵电动机的两个交流接触器 KM1、KM2 的动作,分别对应变频/工频两个工作状态;1#电磁阀 KT1 的开启和关闭;2#水泵电动机变频运行交流接触器 KM3 的动作;2#电磁阀 KT2 的开启和关闭。

对于 MM440 变频器,需要一个 PLC 输出端口控制变频器的外部端子 DIN1(5 脚)的通断,来实现变频器控制水泵电动机的运行和停止。若要使 DIN1 端子具备控制水泵电动机运行与停止的功能,相应要对变频器的参数 P0701 进行设置。

（2）PLC 的模拟量输入/输出端口

控制系统 PLC 的模拟量输入信号主要是压力传感器检测的管网压力信号,压力信号是以标准电流信号 4～20 mA 进行传输的。

PLC 的模拟量输出端口接变频器 MM440 模拟量输入端口 AIN1（3、4 脚）,控制变频器进行水泵电动机的变频调速。

EM235 是 SIEMENS S7-200 PLC 常用的模拟量扩展模块,它实现了 4 路模拟量输入和 1 路模拟量输出功能。PLC 的典型接口量程对应双极性电压为 -10～+10 V、单极性电压为 0～+10 V、电流为 4～20 mA 或 10～50 mA。EM235 模拟量扩展模块接线如图 7-10 所示。

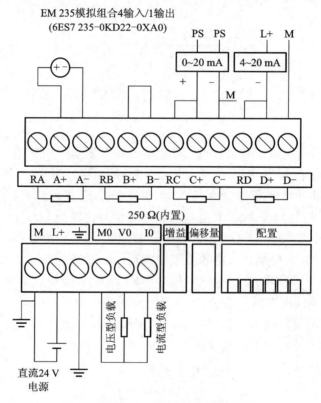

图 7-10　EM235 模拟量扩展模块接线

图 7-10 演示了 EM235 模拟量扩展模块的接线方法,对于电压信号,按正、负极直接接入 X+ 和 X-;对于电流信号,将 RX 和 X+ 短接后接入电流输入信号的“+”端;未连接传感器的通道要将 X+ 和 X- 短接。

EM235 模拟量值的 A/D 转换。假设模拟量的标准电信号是 $A_0 \sim A_m$（如 4～20 mA）,A/D 转换后数值为 $D_0 \sim D_m$（如 6 400～32 000）,假设模拟量的标准电信号是 A,A/D 转换后的相应数值为 D,由于是线性关系,函数关系 $A = f(D)$ 可以表示为数学方程

$$A = (D - D_0) \times (A_m - A_0) / (D_m - D_0) + A_0$$

根据该方程式,可以方便地根据 D 值计算出 A 值。将该方程式逆变换,得出函数关系 $D =$

$f(A)$可以表示为数学方程

$$D = (A - A_0) \times (D_m - D_0)/(A_m - A_0) + D_0$$

根据上面给出的条件可知 $A_0 = 4$，$A_m = 20$，$D_0 = 6\,400$，$D_m = 32\,000$，代入公式，得出

$$A = (D - 6\,400) \times (20 - 4)/(32\,000 - 6\,400) + 4$$

假设该模拟量与 AIW0 对应，则当 AIW0 的值为 12 800 时，相应的模拟电信号是（6 400×16/25 600+4）mA＝8 mA。

又如某温度传感器测温范围为 -10 ～ 60 ℃，以 T 表示温度值，AIW0 为 PLC 模拟量采样值，则根据上式直接得出

$$T = [60 - (-10)] \times (\text{AIW0} - 6\,400)/25\,600 - 10$$

再比如某压力变送器，当压力达到满量程 1 MPa 时，压力变送器的输出电流是 20 mA，对应的 PLC 模拟量采样值 AIW0 的数值是 32 000。可见，每毫安电流对应的 D/A 值为 32 000/20。测得当压力为 0 MPa 时，压力变送器的输出电流为 4 mA，PLC 采集的模拟量采样值为（32 000/20）×4＝6 400。由此得出，AIW0 的数值转换为实际压力值（单位为 kPa）的计算公式为

$$\text{VW0} = (\text{AIW0} - 6\,400) \times 1\,000/(32\,000 - 6\,400) \tag{7-5}$$

4. PLC 输入/输出地址分配（表 7-1）

表 7-1　PLC 的 I/O 分配

输　　入			输　　出		
名称	地址	注释	名称	地址	注释
按钮 SB1	I0.0	1#水泵起动（动合）	KM0	Q0.0	变频器与电源
按钮 SB2	I0.1	1#水泵停止（动合）	KM1	Q0.1	1#水泵变频接触器
按钮 SB3	I0.2	2#水泵起动（动合）	KM2/HL1	Q0.2	1#水泵工频接触器/指示灯
按钮 SB4	I0.3	2#水泵停止（动合）	KM3/HL2	Q0.3	2#水泵接触器/指示灯
按钮 SB5	I0.4	1#电磁阀起动（动合）	KT1/HL3	Q0.4	1#电磁阀/指示灯
按钮 SB6	I0.5	1#电磁阀停止（动合）	KT2/HL4	Q0.5	2#电磁阀/指示灯
按钮 SB7	I0.6	2#电磁阀起动（动合）	DIN1	Q0.6	接 MM440 的 5 脚，起动/停止水泵电动机
按钮 SB8	I0.7	2#电磁阀停止（动合）	变频器 AIN1	AQW1	接 MM440 的 3、4 脚，模拟量控制水泵电动机调速
开关 SA1	I1.0	起动/停止			
开关 SA2	I1.1	手动/自动			
开关 SA3	I1.2	白天/黑夜			
开关 SA4	I1.3	近地/远程			
急停按钮	I1.4	急停按钮			
传感器	AIW0	压力变送器（模拟量）			

按钮和开关安装在一个近地控制箱上，完成对控制系统的就近控制。近地控制箱面板如图

7-11 所示。

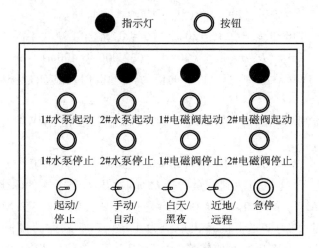

图 7-11   近地控制箱面板

  PLC 与组态软件"组态王"连接时,"组态王"只能实现对 PLC 内的输入存储器 I 的读取,不能实现写入。"组态王"软件通过读写 PLC 内的存储器 M 实现对恒压供水控制系统的远程控制,PLC 内与"组态王"远程控制相关的存储器 M 的地址分配见表 7-2。

表 7-2   "组态王"远程控制的 M 分配

名　　称	地址	注　　释
1#水泵起动(远程)	M2.0	"组态王"远程起动 1#水泵
1#水泵停止(远程)	M2.1	"组态王"远程停止 1#水泵
2#水泵起动(远程)	M2.2	"组态王"远程起动 2#水泵
2#水泵停止(远程)	M2.3	"组态王"远程停止 2#水泵
1#电磁阀起动(远程)	M2.4	"组态王"远程起动 1#电磁阀
1#电磁阀停止(远程)	M2.5	"组态王"远程停止 1#电磁阀
2#电磁阀起动(远程)	M2.6	"组态王"远程起动 2#电磁阀
2#电磁阀停止(远程)	M2.7	"组态王"远程停止 2#电磁阀
起动/停止(远程)	M3.0	"组态王"远程起动/停止选择
手动/自动(远程)	M3.1	"组态王"远程手动/自动选择
白天/黑夜(远程)	M3.2	"组态王"远程白天/黑夜选择
近地/远程(远程)	M3.3	"组态王"监控界面近地/远程显示

第三节　恒压供水控制系统的软件设计

基于 PLC 与变频器技术的恒压供水控制系统的软件设计主要是指 PLC 控制程序设计、变频器参数设置和使用"组态王"进行监控界面组态。

一、S7-200 PLC 控制程序设计

PLC 控制程序采用 SIEMENS 公司提供的 STEP 7 MicroWIN SP3 编程软件开发。恒压供水控制系统的 PLC 控制程序由一个主程序、若干子程序和中断程序(INT_0)构成,程序的编制在计算机上完成,编译后通过 PC/PPI 电缆把程序下载到 PLC 中,通过在 RUN 模式下主机循环扫描并连续执行用户程序来完成控制任务。

1. 主程序(OB1)

主程序的主要功能:系统电源的急停处理,各个功能子程序的调用。主程序梯形图如图 7-12所示。

2. 子程序(SBR_0～SBR_5)

恒压供水控制系统包括六个子程序,分别是初始化、数据处理、黑夜近地、黑夜远程、白天近地和白天远程子程序,完成各个功能控制。

(1)初始化子程序

主要完成的功能包括中间继电器 M 复位;PID 指令回路表初始化设置;定时中断程序初始化。初始化子程序梯形图如图 7-13 所示。

(2)黑夜近地与黑夜远程子程序

主要完成功能包括恒压供水控制系统在夜间(20:00—5:00)只开 2#水泵电动机且变频运行,要求系统起动时水泵电动机先运行后再打开 2#电磁阀。系统起动时将起动/停止开关打到起动挡,将白天/黑夜开关打到黑夜挡,将手动/自动开关打到手动挡,手动起动水泵电动机和电磁阀,稳定运行后再打到自动挡转入自动运行。通过近地/远程开关进行近地控制箱和"组态王"远程监控模式选择。系统手动停止时,要先停电磁阀,然后再停水泵电动机。近地与远程控制程序的区别是远程时用 M2.0～M3.3 代替 PLC 输入端口 I0.0～I1.3 进行控制。黑夜近地子程序梯形图如图 7-14 所示。

(3)白天近地与白天远程子程序

主要完成功能包括恒压供水控制系统在白天(5:00—20:00)1#水泵电动机工频运行,2#水泵电动机变频运行,要求 1#水泵电动机工频起动,运行频率达到工频 50 Hz 后,1#电磁阀开启;1#水泵和 1#电磁阀开启后 2#水泵起动,2#电磁阀开启。系统起动时将起动/停止开关打到起动挡,将白天/黑夜开关打到白天挡,将手动/自动开关打到手动挡,手动起动水泵电动机和电磁阀,稳定运行后再打到自动挡转入自动运行。通过近地/远程开关进行近地控制箱和"组态王"远程监控模式选择。系统手动停止时,要先停电磁阀,然后再停水泵电动机,而且要先停 2#电磁阀和 2#水泵电动机,再停止 1#电磁阀和 1#水泵电动机。近地与远程控制程序的区别是远程时用 M2.0～M3.3 代替 PLC 输入端口 I0.0～I1.3 进行控制。白天近地子程序梯形图如图 7-15 所示。

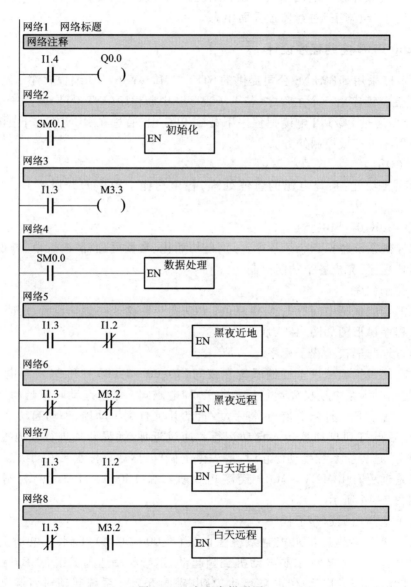

图 7-12　主程序梯形图

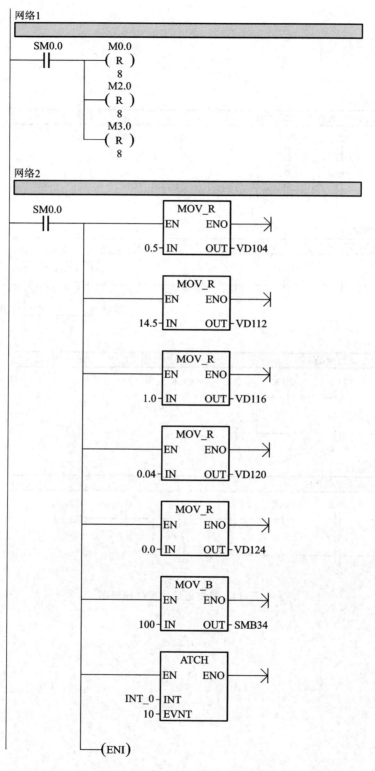

图 7-13　初始化子程序梯形图

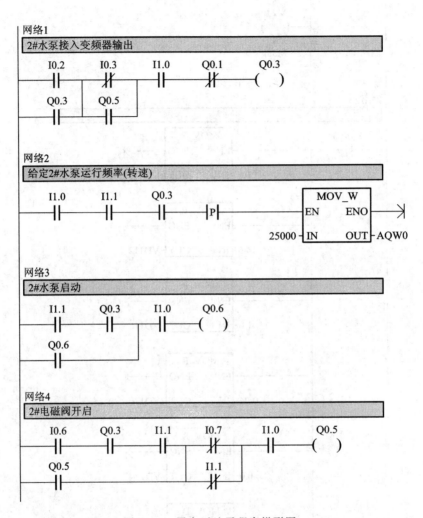

图 7-14 黑夜近地子程序梯形图

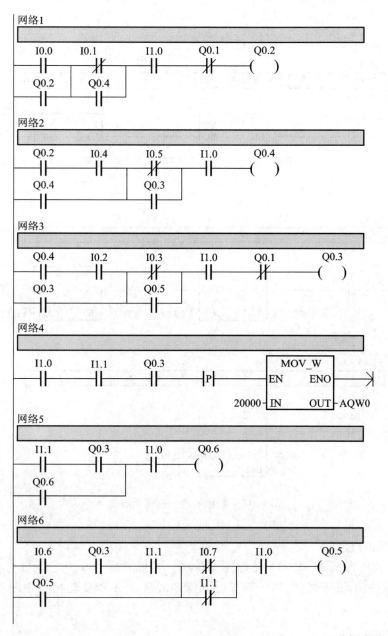

图 7-15　白天近地子程序梯形图

（4）数据处理子程序

主要完成的功能包括"组态王"监控界面有文本输出显示当前的管网压力值（单位 kPa），根据式(7-5)进行计算。数据处理子程序梯形图如图 7-16 所示。

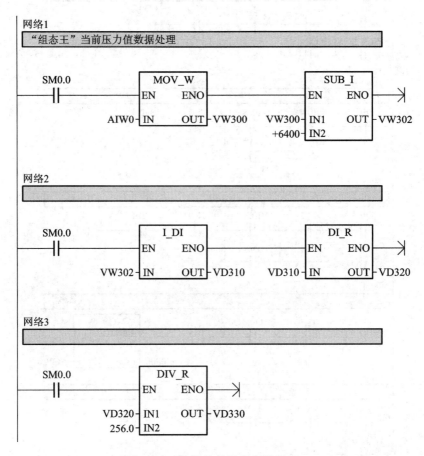

图 7-16　数据处理子程序梯形图

3. 中断(INT_0)程序

定时中断的定时时间由 SMB34 设置为 100 ms。中断程序 INT_0 的功能包括转换 AIW0 输入的压力当前值；PID 闭环调节；PID 调节后数值经转换送 AQW0 输出。中断程序梯形图如图 7-17 所示。

二、MM440 变频器参数设置

MM440 变频器的外形如图 7-18 所示。MM440 变频器具有默认的工厂设置参数，它是数量众多的简单电动机控制系统供电的理想变频驱动装置。由于 MM440 变频器具有全面而完善的控制功能，在设置相关参数以后，它也可以用于更高级的电动机控制系统。

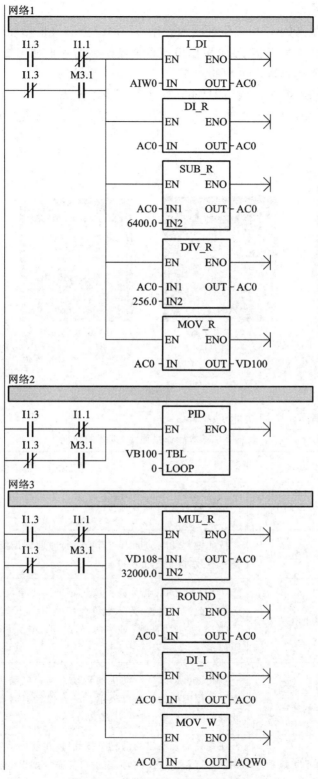

图 7–17 中断（INT_0）程序梯形图

197

1. MM440 参数操作

MM440 变频器可以利用厂家提供的基本操作板(BOP)或高级操作板(AOP)修改参数,使变频器与设备相匹配。状态显示板、基本操作板和高级操作板的外形如图 7-19 所示,其中基本操作板和高级操作板是作为可选件供货的。

现以基本操作板(BOP)为例说明 MM440 变频器的操作方法。

(1)基本操作板(BOP)上的按钮

图 7-18 MM440 变频
器外形

(a) 状态显示板

(b) 基本操作板

(c) 高级操作板

图 7-19   显示操作板

基本操作板上的显示/按钮功能见表 7-3。

表 7-3   基本操作板显示/按钮的功能

显示/按钮	功能	功能的说明
r-0000	状态显示	LCD 显示变频器当前的设定值
1	起动电动机	按此键起动电动机。缺省值运行时此键是被封锁的。为了使此键的操作有效,应设定 P0700 = 1
0	停止电动机	OFF1:按此键,电动机将按选定的斜坡下降速率减速停车。缺省值运行时此键被封锁;为了允许此键操作,应设定 P0700 = 1 OFF2:按此键两次(或一次,但时间较长),电动机将在惯性作用下自由停车
↻	改变电动机的转向	按此键可以改变电动机的转动方向。电动机反向转动用负号(-)表示或用闪烁的小数点表示。缺省值运行时此键是被封锁的,为了使此键的操作有效,应设定 P0700 = 1
jog	电动机点动	在变频器无输出的情况下按此键,将使电动机起动,并按预设的点动频率运行。释放此键时,电动机停车。如果电动机正在运行,按此键将不起作用

198

显示/按钮	功能	功能的说明
Fn	功能	此键用于浏览辅助信息。在变频器运行过程中,显示任何一个参数时按下此键并保持不动 2 s,将显示以下参数值: 　　1. 直流回路电压(用 d 表示,单位为 V) 　　2. 输出电流(单位为 A) 　　3. 输出频率(单位为 Hz) 　　4. 输出电压(用 o 表示,单位为 V) 　　5. 由 P0005 选定的数值(如果 P0005 选择显示上述参数中的任何一个(3、4 或 5),这里将不再显示) 　　连续多次按下此键,将轮流显示以上参数。 　　跳转功能:在显示任何一个参数(rxxxx 或 Pxxxx)时短时间按下此键,将立即跳转到 r0000,如果需要,可以接着修改其他的参数。跳转到 r0000 后,按此键将返回原来的显示点 　　退出 　　在出现故障或报警的情况下,按此键可以将操作板上显示的故障或报警信息复位
P	访问参数	按此键即可访问参数
▲	增加数值	按此键即可增加面板上显示的参数数值
▼	减少数值	按此键即可减少面板上显示的参数数值

（2）操作步骤

① 修改参数数值　用基本操作板（BOP）可以修改参数的数值。以修改参数过滤器 P0004 数值为例,说明修改参数数值的步骤,见表 7-4。修改参数的数值时,BOP 有时会显示"busy",表明变频器正忙于处理更高级别的任务。

表 7-4　修改参数数值

操作步骤	操作内容	显示结果	操作步骤	操作内容	显示结果
1	按 **P** 访问参数	r0000	3	按 **P** 进入参数数值访问级	0
2	按 **▲** 直到显示出 P0004	P0004	4	按 **▲** 或 **▼** 达到所需要的数值	7

操作步骤	操作内容	显示结果	操作步骤	操作内容	显示结果
5	按 (P) 确认并存储参数的数值		6		P0004

② 修改下标参数　以 P0719 为例,说明如何修改下标参数的数值,见表 7-5。

表 7-5　修改下标参数

操作步骤	操作内容	显示结果	操作步骤	操作内容	显示结果
1	按 (P) 访问参数	r0000	5	按 (▲) 或 (▼) 选择运行所需要的数值	12
2	按 (▲) 直到显示出 P0719	P0719	6	按 (P) 确认和存储这一数值	P0719
3	按 (P) 进入参数数值访问级	in000	7	按 (▼) 直到显示出 r0000	r0000
4	按 (P) 显示当前的设定值	0	8	按 (P) 返回标准的变频器显示	

（3）改变参数数值的一个数字

为了快速修改参数的数值,可以一个个地单独修改显示的每个数字,操作步骤如下:

① 按 (Fn),最右边的一位数字闪烁。

② 按 (▲) 或 (▼),修改这位数字的数值。

③ 再按 (Fn),相邻的下一位数字闪烁。

④ 重复执行②、③两步,直到显示所要求的数值。

⑤ 按 (P),退出参数数值访问级。

2. 常用参数功能介绍

（1）设置用户访问级 P0003

用户访问级 P0003 的设定值范围（1、2、3）及设定值说明如下：

① P0003 = 1 为标准级，允许访问最经常使用的一些参数。

② P0003 = 2 为扩展级，允许扩展访问参数的范围。

③ P0003 = 3 为专家级，只供专家使用。

这个参数用于定义用户访问参数组的等级，对于大多数简单的应用对象，采用标准级就可以满足要求了。

（2）参数过滤器 P0004

这个参数的作用是按功能的要求筛选（或过滤）出与该功能相关的参数，这样可以更方便地进行调试。参数过滤器 P0004 的设定值有如下几种情况：

① P0004 = 0，全部参数。

② P0004 = 2，变频器参数。

③ P0004 = 3，电动机参数。

④ P0004 = 4，速度传感器参数。

⑤ P0004 = 5，工艺应用对象或装置参数。

⑥ P0004 = 7，命令和数字 I/O。

⑦ P0004 = 8，ADC（模/数转换）和 DAC（数/模转换）。

⑧ P0004 = 10，设定值通道/斜坡函数发生器。

⑨ P0004 = 12，驱动装置的特征。

⑩ P0004 = 13，电动机的控制。

⑪ P0004 = 20，通信。

⑫ P0004 = 21，报警/警告/监控。

⑬ P0004 = 22，工艺参量控制器（例如 PID）。

（3）设置快速调试参数 P0010

快速调试参数 P0010 的设定值范围（0、1、30）及设定值说明如下：

① P0010 = 0，准备运行。

② P0010 = 1，快速调试。

③ P0010 = 30，工厂的缺省设置值。

这个参数设定值对与调试相关的参数进行过滤，只筛选出那些与特定功能组有关的参数。在变频器投入运行之前，应将这一参数复位为 0。如果 P3900 不为 0（0 是工厂缺省值），这一参数自动复位为 0。

（4）设置使用地区 P0100

使用地区 P0100 的设定值范围（0、1、2）及设定值说明如下：

① P0100 = 0 为欧洲，功率单位为 kW，频率缺省值为 50 Hz。

② P0100 = 1 为北美，功率单位为 hp，频率缺省值为 60 Hz。

③ P0100 = 2 为北美，功率单位为 kW，频率缺省值为 60 Hz。

这个参数用于确定功率设定值的单位是 kW 还是 hp（马力），在我国使用 MM440 变频器，

P0100 应设定为 0。

（5）变频器的应用对象 P0205

变频器的应用对象 P0205 可选 0 或 1，其设定值说明如下：

① P0205 = 0，恒转矩。

② P0205 = 1，变转矩。P0205 的值设定为 1（变转矩）时，只能用于变转矩的应用对象，例如水泵和风机等，如果用于恒转矩的应用对象，可能导致电动机过热。该参数的用户访问级 P0003 = 3，为专家级。

（6）有关电动机选择的参数

① 选择电动机的额定电压 P0304。

② 选择电动机的额定电流 P0305。

③ 选择电动机的额定功率 P0307。

④ 选择电动机的额定功率因数 P0308。

⑤ 选择电动机的额定频率 P0310。

⑥ 选择电动机的额定转速 P0311。

（7）选择命令源 P0700

选择命令源 P0700 在快速调试时的设定值范围（0、1、2）及设定值说明如下：

① P0700 = 0，工厂缺省设置。

② P0700 = 1，基本操作板（BOP）设置。

③ P0700 = 2，由端子排数字输入。

（8）选择频率设定值 P1000

频率设定值 P1000 在快速调试时的设定值范围（1、2、3、7）及设定值说明如下：

① P1000 = 1，BOP 或 AOP 设定。

② P1000 = 2，模拟设定值 1。

③ P1000 = 3，固定频率设定。

④ P1000 = 7，模拟设定值 2。

若 P1000 = 1 或 3，则频率设定决定于 P0700 ~ P0708 的设置。该参数的用户访问级 P0003 = 1，为标准级。

（9）选择电动机的最低频率 P1080

（10）选择电动机的最高频率 P1082

（11）选择斜坡上升时间 P1120

（12）选择斜坡下降时间 P1121

（13）复位为变频器工厂缺省设置值

使用基本操作板（BOP）或高级操作板（AOP），可以将变频器的所有参数复位为工厂缺省设置值，参数设置如下：

① 设置 P0010 = 30，工厂的缺省设置值。

② 设置 P0970 = 1，参数复位。

复位过程约需 3 min 才能完成。

3. 恒压供水控制系统 MM440 变频器参数设定（表 7-6）

表 7-6　恒压供水控制系统 MM440 变频器参数设置

参数号	出厂值	设置值	说　明
P0003	1	2	设用户访问级为扩展级
P0010	0	1	快速调试
P0100	0	0	工作地区:功率以 kW 表示,频率为 50 Hz
P0304	230	380	电动机额定电压(V)
P0305	3.25	420	电动机额定电流(A)
P0307	250	220	电动机额定功率(kW)
P0308	0	0.8	电动机额定功率因数($\cos \varphi$)
P0310	50	50	电动机额定频率(Hz)
P0311	0	720	电动机额定转速(r/min)
P0004	0	7	命令和数字 I/O
P0700	2	2	命令源选择由端子排输入
P0701	1	1	ON 接通正转,OFF 停止
P0004	0	10	设定值通道和斜坡函数发生器
P1000	2	2	频率设置值选择为模拟输入
P1080	0	30	电动机运行的最低频率(Hz)
P1082	50	50	电动机运行的最高频率(Hz)
P1120	5	3	斜坡上升时间为 3 s
P1121	5	3	斜坡下降时间为 3 s

三、监控界面组态

1. "组态王"软件概述

"组态王"软件是一种通用的国产工业监控软件,它融过程控制设计、现场操作以及工厂资源管理于一体,将一个企业内部的各种生产系统和应用以及信息交流汇集在一起,实现最优化管理。它基于 Microsoft Windows XP/NT/2000 操作系统,用户在企业网络的所有层次的各个位置上都可以及时获得系统的实时信息。采用"组态王"软件开发工业监控工程,可以极大地增强用户生产控制能力、提高工厂的生产力和效率、提高产品的质量、减少成本及原材料的消耗。它适用于从单一设备的生产运营管理和故障诊断,到网络结构分布式大型集中监控管理系统的开发。

　　2."组态王"软件特点

　　"组态王"软件作为一个开放型的通用工业监控软件,支持与国内外常见的 PLC、智能模块、智能仪表、变频器、数据采集板卡等(如西门子 PLC、莫迪康 PLC、欧姆龙 PLC、三菱 PLC、研华模块等)通过常规通信接口(如串口、USB 接口、以太网、总线、GPRS 等)进行数据通信。"组态王"软件与 I/O 设备进行通信一般是通过调用 * . dll 动态库来实现的,不同的设备、协议对应不同的动态库。工程开发人员无须关心复杂的动态库代码及设备通信协议,只需使用"组态王"提供的设备定义向导,即可定义工程中使用的 I/O 设备,并通过变量的定义实现与 I/O 设备的关联,对用户来说既简单又方便。

　　"组态王"软件主要功能特性:

　　① 可视化操作界面,真彩显示图形,支持渐进色,图库丰富,动画连接。

　　② 无与伦比的动力和灵活性,拥有全面的脚本与图形动画功能。

　　③ 可以对界面中的一部分进行保存,以便以后进行分析或打印。

　　④ 变量导入导出功能,变量可以导出到 Excel 表格中,可以方便地对变量名称等属性进行修改,然后再导入新工程中,实现了变量的二次利用,节省了开发时间。

　　⑤ 强大的分布式报警、事件处理能力,支持实时、历史数据的分布式保存。

　　⑥ 强大的脚本语言处理,能够实现复杂的逻辑操作与决策处理。

　　⑦ 全新的 WebServer 架构,全面支持画面发布、实时数据发布、历史数据发布以及数据库数据的发布。

　　⑧ 方便的配方处理功能。

　　⑨ 丰富的设备支持库,支持常见的 PLC 设备、智能仪表、智能模块。

　　3."组态王"软件功能

　　"组态王"软件具有监控和数据采集系统,好处之一就是能大大缩短开发时间,并能保证系统的质量,还能快速便捷地进行图形维护和数据采集。"组态王"提供了丰富的快速应用设计的工具。

　　① 快速便捷的应用设计;

　　② 丰富的可扩充的图形库;

　　③ 对多媒体的支持;

　　④ 灵活简便的变量定义和管理;

　　⑤ 强大的控制语言;

　　⑥ 采集和显示历史数据;

　　⑦ 全新的灵活多样、操作简单的内嵌式报表;

　　⑧ 配方管理;

⑨ 温控曲线控件。

4. 恒压供水控制系统监控界面组态

（1）创建新工程

双击"组态王6.53"图标,启动"组态王"的工程管理器。单击工具条上的"新建"按钮,出现新建工程向导,根据工程向导选择工程路径,输入工程名称为"恒压供水控制系统监控界面",在工程描述文本框里可以输入对该工程的描述内容。单击"确认"按钮后打开工程浏览器如图7-20所示。

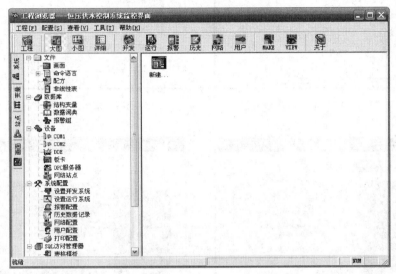

图7-20　工程浏览器

（2）设备连接

设备连接是指"组态王"软件通过计算机硬件与外部设备的数据进行连接。计算机的硬件有串口、并口、数据采集板卡等;外部设备有PLC、单片机、条码扫描器、智能仪表等。如果PLC与计算机通过串口COM1进行连接,则单击工程浏览器中的"COM1"图标,出现对话框,如图7-21所示。在图7-21所示对话框中,"波特率"、"奇偶校验"等按实际情况选择,此处均取默认值即可,单击"确定"返回工程浏览器。

用鼠标在工程浏览器工作区双击"新建..."就会弹出如图7-22所示的对话框。

单击"PLC"打开各种厂家的PLC,单击"西门子"打开西门子公司的各种PLC,单击"S7-200系列"如图7-23所示。选择"PPI",单击"下一步",写上设备名称如"S7-200",单击"下一步",出现图7-24所示的对话框。根据计算机的串口地址选择,单击"下一步",填上PLC通信的地址,PLC如果没有更改过地址默认为2,单击"下一步",此时出现的对话框为恢复时间对话框,保持默认设置,单击"下一步",再单击"完成"则硬件配置完成。

（3）定义"组态王"数据变量

数据库是"组态王"软件最核心的部分。运行时,生产现场的状况要以动画的形式反映在屏幕上,操作者在计算机前发布的指令也要迅速送达生产现场,所有这一切都是以实时数据库为核心的。所以说数据库是联系上位机和下位机的桥梁。

图 7-21　COM1 通信口的设置

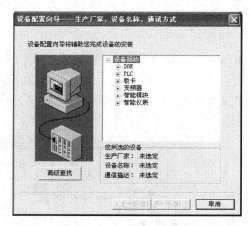

图 7-22　设备配置向导

图 7-23　选择 PPI

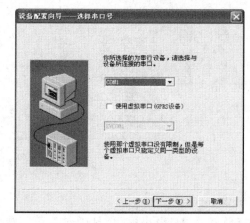

图 7-24　选择 COM 口

　　数据库中变量的集合形象地称为"数据词典",数据词典记录了所有用户可使用的数据变量的详细信息。数据词典中存放的是应用工程中定义的变量以及系统变量。变量可以分为基本类型和特殊类型两大类,基本类型的变量又分为内存变量和 I/O 变量两种。

　　I/O 变量指的是"组态王"与外部设备或其他应用程序交换的变量。这种数据交换是双向的、动态的,就是说在"组态王"系统运行过程中,每当 I/O 变量的值改变时,该值就会自动写入外部设备或远程应用程序;每当外部设备或远程应用程序中的值改变时,"组态王"系统中的变量值也会自动改变。所以,那些从下位机采集来的数据、发送给下位机的指令,比如水泵电动机和电磁阀起动/停止按钮、手动/自动开关等相关的变量,都需要设置成 I/O 变量。那些不需要和外部设备或其他应用程序交换,只在"组态王"内使用的变量,比如计算过程的中间变量,就可以设置成内存变量。基本类型的变量也可以按照数据类型分为离散型、实型、整型和字符串型。

　　以泵 1 起动变量为例说明变量的定义过程,在工程浏览器树形目录中选择"数据词典",在右侧双击"新建"图标,弹出"定义变量"对话框,如图 7-25 所示。

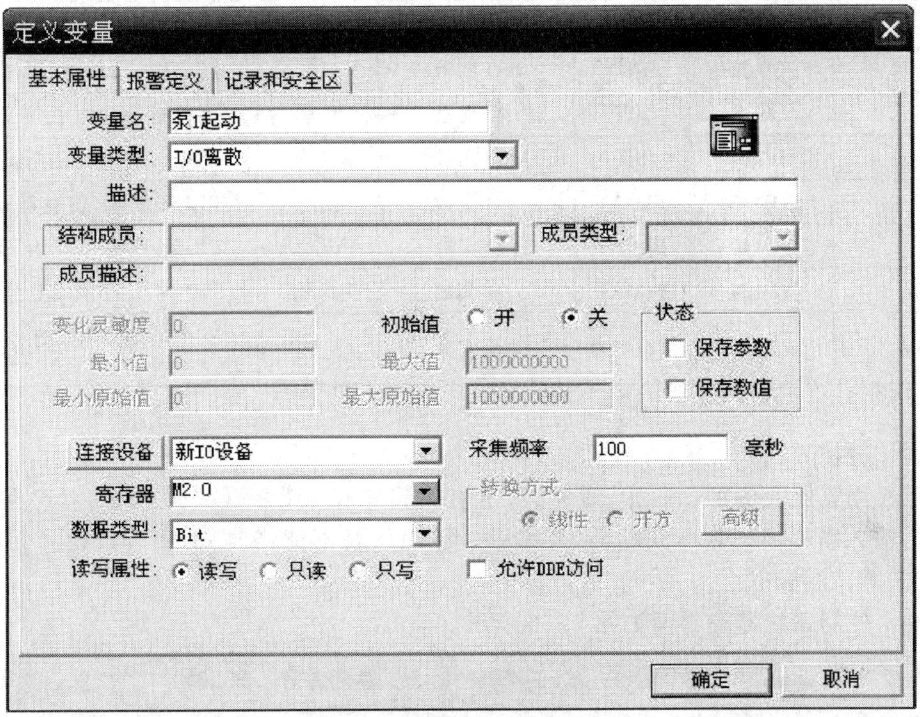

图 7-25 泵 1 起动变量定义

恒压供水控制系统变量定义见表 7-7。

表 7-7 恒压供水控制系统变量定义表

变量名	寄存器	数据类型	变量类型	读写类型	变量作用
泵 1 起动	M2.0	BIT	I/O 离散	读写	远程起动 1#水泵
泵 1 停止	M2.1	BIT	I/O 离散	读写	远程停止 1#水泵
泵 2 起动	M2.2	BIT	I/O 离散	读写	远程起动 2#水泵
泵 2 停止	M2.3	BIT	I/O 离散	读写	远程停止 2#水泵
阀 1 起动	M2.4	BIT	I/O 离散	读写	远程起动 1#电磁阀
阀 1 停止	M2.5	BIT	I/O 离散	读写	远程停止 1#电磁阀
阀 2 起动	M2.6	BIT	I/O 离散	读写	远程起动 2#电磁阀
阀 2 停止	M2.7	BIT	I/O 离散	读写	远程停止 2#电磁阀
起动停止切换	M3.0	BIT	I/O 离散	读写	起动/停止模式切换
手动自动切换	M3.1	BIT	I/O 离散	读写	手动/自动模式切换
白天黑夜切换	M3.2	BIT	I/O 离散	读写	白天/黑夜模式切换
近地远程切换	M3.3	BIT	I/O 离散	读写	近地/远程模式切换
泵 1 指示	Q0.2	BIT	I/O 离散	只读	远程指示 1#水泵工作状态

变量名	寄存器	数据类型	变量类型	读写类型	变量作用
泵2指示	Q0.3	BIT	I/O离散	只读	远程指示2#水泵工作状态
阀1指示	Q0.4	BIT	I/O离散	只读	远程指示1#电磁阀工作状态
阀2指示	Q0.5	BIT	I/O离散	只读	远程指示2#电磁阀工作状态
KP值	VD112	FLOAT	I/O实数	读写	PID调节KP值设定显示
TD值	VD120	FLOAT	I/O实数	读写	PID调节TD值设定显示
TI值	VD124	FLOAT	I/O实数	读写	PID调节TI值设定显示
压力显示	VD330	FLOAT	I/O实数	只读	远程显示当前压力值（单位kPa）

（4）制作监控界面

单击工程浏览器左侧的"画面"图标，双击右边窗口中的"新建…"图标，就会弹出"新画面"对话框，输入新界面的名称，输入完名称后一经确认就不能修改，但可以修改界面的位置和大小。单击"确认"按钮。

恒压供水控制系统监控界面如图7-26所示。

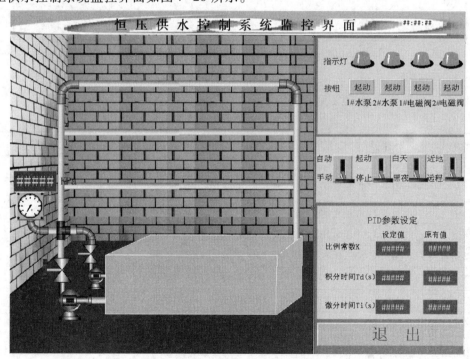

图7-26 恒压供水控制系统监控界面

（5）图形界面动画连接

① 指示灯动画连接。

如图7-26所示,监控界面右上方有四个指示灯分别用来监控1#水泵、2#水泵、1#电磁阀和2#电磁阀的工作状态,水泵或电磁阀起动时指示灯为绿色,停止工作时为红色。以1#水泵为例进行动画连接,双击指示灯弹出如图7-27所示的"指示灯向导"对话框,"正常色"选择绿色,"报警色"选择红色,单击"?"选择与指示灯连接的I/O变量。

② 起动/停止按钮动画连接。

指示灯下方有四个起动/停止按钮分别用来开启和关闭1#水泵、2#水泵、1#电磁阀和2#电磁阀,起动按钮在上,停止按钮在下,两者重叠,当指示灯为绿色时显示停止按钮,当指示灯为红色时显示起动按钮。以1#水泵为例进行起动/停止按钮的动画连接,双击起动按钮,弹出如图7-28所示的"动画连接"对话框。

图7-27 指示灯动画连接

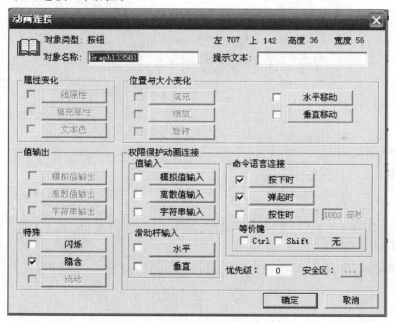

图7-28 起动/停止按钮动画连接

起动按钮按下时命令语言连接为:\\本站点\泵1起动=1;
起动按钮弹起时命令语言连接为:\\本站点\泵1起动=0;
隐含条件表达式为:\\本站点\泵1指示,表达式为真时:隐含
停止按钮按下时命令语言连接为:\\本站点\泵1停止=1;
停止按钮弹起时命令语言连接为:\\本站点\泵1停止=0;
隐含条件表达式为:\\本站点\泵1指示,表达式为真时:显示

③ 开关动画连接。

按钮的下方是工作模式选择开关,在起动/停止、手动/自动、白天/黑夜、近地/远程工作模式之间进行选择,以手动/自动开关为例进行动画连接,双击手动/自动开关弹出如图 7-29 所示的开关动画连接,单击"?"选择"变量名(离散量)"为"\\本站点\手动自动切换",然后单击"确定"。

④ 文本数值动画连接。

图 7-26 所示监控界面上的"#####"是文本输入/输出数值,比例常数 K、积分时间 Td、微分时间 Ti 和压力表上方

图 7-29 开关动画连接

的压力显示分别对应的变量是 KP 值、TD 值、TI 值、压力显示。以比例常数 K 的设定值为例进行动画连接,双击比例常数 K 设定值框内的文本"#####",弹出如图 7-30 所示文本数值动画连接。

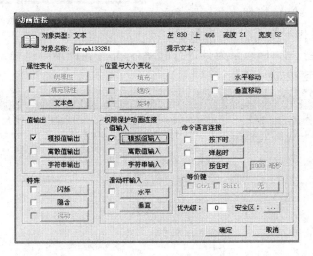

图 7-30 文本数值动画连接

单击模拟值输出;表达式:\\本站点\KP 值;输出格式:整数 2 位、小数 1 位;对齐:居中;显示格式:十进制。

单击模拟值输入;变量名:\\本站点\KP 值;提示信息:请输入;值范围:最大 100,最小 0。

习 题 七

1. 简述恒压供水控制系统的组成及各部分的作用。
2. 简述 MM440 变频器控制端子功能。
3. 简述压力变送器的工作原理。
4. 编写西门子 S7-200 PLC 内 PID 指令回路表初始化设置梯形图程序。
5. MM440 变频器参数 P0003 与 P0004 的功能是什么?
6. 简述"组态王"软件功能。

210

附　　录

实验一　认识工业模型的组成结构

一、实验目的

（1）了解模型的组成结构。
（2）熟悉模型的工作原理。
（3）掌握模型的组装方法。

二、实验设备

构件组合包（两包）；微动开关（十个）；小螺丝刀（一个）。

三、实验内容

1. 三自由度机械手模型组装
三自由度机械手模型组装可分九个步骤,参考图 2-2。
2. 自动找币机械手模型组装
自动找币机械手模型组装可分五个步骤,参考图 2-19。

四、实验要求

模型上的各种微动开关要正确安装,不可改换位置。组装过程中注意接插件装配间隙和组装牢度。在组装自动找币机械手模型时三个储币仓要等间距装配。组装过程中结合前面所述工作原理,再参考组装步骤图能很快掌握装配方法。模型每个组装步骤不详述。

五、实验思考题

（1）微动开关要正确安装,原因何在?
（2）在参加模型组装过程中,你体会如何?

实验二　机械手控制

一、实验目的

（1）熟悉三自由度机械手的工作原理。
（2）掌握机械手的控制过程。

（3）熟悉控制程序的调试方法。

二、实验设备

机械手模型（一个）；控制板（一块）；计算机（一台）；仿真器（一个）。

三、实验内容

1. 机械手模型调试

根据控制电路图（第二章中图2-14）把控制板和模型配上线。再根据机械手动作示意图（第二章中图2-3）操作控制板上按钮对模型进行调试及调整。

2. 机械手自动控制程序设计

根据模型的工作原理进行自动控制程序设计，参考第二章所述。

3. 程序调试

利用仿真器把控制程序进行在线调试，直到达到要求为止。

四、实验要求

本实验中程序设计部分要求在业余时间来完成，并且在实验前进行必要的准备，以确保实验顺利进行。

五、实验思考题

（1）实验中机械手为什么要定初始位置？
（2）实验中微动开关各有何作用？

实验三 数控机床的认识

一、实验目的

（1）认识数控机床：数控车床、数控铣床、加工中心、数控线切割机床、数控电火花成型机床。
（2）了解数控机床的组成：数控车床、数控铣床、加工中心的组成。
（3）了解数控机床各组成部分的功能。
（4）了解数控机床的工艺范围。

二、实验设备

数控车床（两台）；数控铣床（两台）；加工中心（一台）；数控线切割机床（两台）；数控电火花成型机床（一台）。

三、实验过程

（1）认识数控车床的组成、工艺范围。
（2）认识数控铣床的组成、工艺范围。

（3）认识加工中心的组成、特点和工艺范围。

（4）认识数控电加工机床，了解数控电加工机床的特点和工艺范围。

四、实验思考题

（1）数控车床有哪些组成部分？

（2）数控铣床有哪些组成部分？

（3）加工中心有哪些组成部分？

实验四　数控机床的操作运行

一、实验目的

（1）初步学习数控机床的操作。

（2）了解数控机床的日常维护和保养方法。

（3）了解数控机床操作注意事项。

二、实验设备

数控车床（四台）；数控铣床（两台）。

三、实验过程

1．了解数控机床的安全操作规程与数控机床的日常维护方法

2．数控车床的操作

（1）数控加工程序的输入操作。

（2）数控加工程序的编辑操作。

（3）数控车床的手动操作。

（4）加工程序的模拟操作。

（5）数控加工程序的加工试运行操作。

3．数控铣床的操作

（1）数控加工程序的输入操作。

（2）数控加工程序的编辑操作。

（3）数控铣床的手动操作。

（4）加工程序的模拟操作。

（5）数控加工程序的加工试运行操作。

四、实验思考题

（1）数控车床和数控铣床有哪些日常维护的需要？

（2）数控车床的操作面板有哪些基本功能？

（3）数控铣床有哪些基本功能？

实验五　气动机械手控制实验

一、实验目的

（1）熟悉气动机械手的工作原理。
（2）了解气动机械手的组成结构。
（3）掌握气动机械手的控制过程。
（4）熟悉控制程序的调试方法。
（5）掌握气动机械手的维护维修常识。

二、实验设备

气动机械手，可编程序控制器，双电控电磁阀，气源，直流稳压电源，计算机，各种控制按钮。

三、实验内容

1．控制要求演示

在布置实验内容时，以现场演示示范的方式布置给学生，增强学生感性认识，提高学生的学习兴趣，以简洁、快速、方便、直观的方法让学生一目了然。其部分控制要求如附图 1 所示（在此只考虑自动控制部分，关于手动控制部分有兴趣的读者可自行分析）。

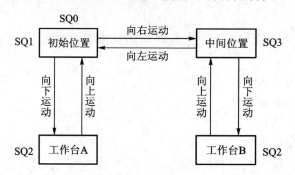

附图 1　气动机械手动作示意图

（1）在初始位置（由 SQ0 和 SQ1 确定，即左限位和上限位开关），按下启动按钮，机械手开始向下运动，一直到触动下限位开关 SQ2 为止。
（2）当 SQ2 闭合后，机械手夹紧工件，一直到触动夹紧限位开关 SQ4 为止。
（3）当 SQ4 闭合后，机械手向上运动，一直到触动上限位开关 SQ0 为止。
（4）当 SQ0 闭合后，机械手向右运动，一直到触动右限位开关 SQ3 为止。
（5）当 SQ3 闭合后，机械手开始向下运动，一直到触动下限位开关 SQ2 为止。
（6）当 SQ2 闭合后，机械手松开工件，一直到触动松开限位开关 SQ5 为止。
（7）当 SQ5 闭合后，机械手向上运动，一直到触动上限位开关 SQ0 为止。

（8）当 SQ0 闭合后，机械手开始向左运动，一直到触动左限位开关 SQ1 为止。完成一个自动循环过程。

（9）要求能够实现循环操作，当按下停止按钮时，机械手回到初始位置，系统停下来。当按下急停按钮时，机械手立即停止。

2. 程序设计

（1）用基本逻辑指令实现：在学生弄清楚基本控制要求的前提下，由指导教师进行必要的指导，使学生完成简单程序的设计。

（2）用移位寄存器指令实现：本部分为选作要求，有能力的学生可在指导教师的指导下完成程序设计任务。

3. 程序模拟调试

要求学生在实验室脱离机械手的情况下，通过调试软件按照控制要求的内容进行模拟调试，为现场调试做准备。

4. 现场调试

在机械手的实验现场，将所用到的所有实验设备连接成一个完整的控制系统，严格地按照控制要求进行调试，直到达到要求为止。

5. 维护维修常识介绍

由指导教师结合实验内容进行维护维修知识的讲解，必要时，可人为设置一些故障，演示实验现象，启发学生分析其原因以及解决的基本方法。

四、实验要求

本实验中 1、2、3 部分要求在业余时间来完成，并且在实验前进行实验准备检查，以确保实验顺利进行。各学校可根据本校的具体实验条件从中选取部分内容进行。

五、实验思考题

（1）实验中 PLC 对输入信号没有反应，原因何在？

（2）实验中工作台位置与机械手位置不符时应如何调整？

（3）实验中若有一个限位开关损坏会出现什么现象？应如何来处理？

实验六　产品分拣系统调试与运行

一、实验目的

（1）掌握产品搬运过程和分拣原理。

（2）掌握 PLC 的使用方法。

（3）熟悉气压传动的工作原理。

（4）掌握产品分拣系统的调试过程和方法。

（5）了解气压传动及控制系统的组成结构。

二、实验设备

传送带(一套);气源装置(一套);由按钮等组成的控制板(一块);电源(一台);各类传感器(若干);推料气缸(五个)。

三、实验内容

1. 控制要求演示

本次实验内容为工件搬运、传送、分拣中的分拣部分,做本次实验时,在指导教师的组织下,学生有序地观看演示,熟悉实验的控制要求。产品分拣动作示意图如附图2所示。

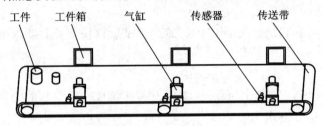

附图2　产品分拣动作示意图

（1）当按下启动按钮时,工件在传送带上传送,首先检查是否为铁磁性物质,如是,将其推入工件箱1中。

（2）其次检查是否为高度 H_1 的工件,如是,将其推入工件箱2中。

（3）最后将其他工件推入工件箱3中。

（4）当按下停止按钮时,可立即使系统停下来。

2. 程序设计

（1）用基本逻辑指令实现:在学生弄清楚基本控制要求的前提下,由指导教师进行必要的指导,使学生完成简单程序的设计。

（2）用移位寄存器指令实现:本部分为选作要求,有能力的学生可在指导教师的指导下,完成程序设计任务。

3. 程序模拟调试

要求学生在实验室脱离实验设备的情况下,通过调试软件按照控制要求的内容进行模拟调试,为现场调试做准备。

4. 现场调试

在实验现场,将所用到的所有实验设备连接成一个完整的控制系统,严格地按照控制要求进行调试,直到达到要求为止。

5. 维护维修常识介绍

由指导教师结合实验内容进行维护维修知识的讲解,必要时可人为设置一些故障,演示实验现象,启发学生分析其原因以及解决的基本方法。

四、实验要求

本实验中 1、2、3 部分要求在业余时间来完成,并且在实验前进行实验准备检查,以确保实验顺利进行。各学校可根据本校的具体实验条件从中选取部分内容进行。

五、实验思考题

(1)在试验中如果气缸出现推空现象,分析是什么原因?应该如何处理?(软件和硬件结合考虑)

(2)如果在实验中出现电机堵转现象,考虑如何实现过载保护?

(3)如果要实现对工件的计数,程序如何来实现?

实验七　认识电梯结构

一、实验目的

(1)了解电梯各个部件作用。
(2)熟悉曳引式电梯结构。
(3)掌握电梯机械安全保护装置。
(4)掌握电梯电气安全保护装置。

二、实验设备

仿真教学电梯。

三、实验内容

本实验为演示类实验,主要由教师一边操作一边讲解。首先由教师指导学生找出垂直电梯各结构位置并加深对安全保护装置的认识,讲解电梯工作原理和安全装置在电梯运行中的重要性,然后将学生分组,由学生自己找到相应的结构部件和相应的保护装置。

四、实验报告

由学生自行设计表格,说明电梯的各个部件结构和作用以及安全保护装置的名称、作用。

实验八　短跑机器人的设计及制作

一、实验目的

(1)熟悉机器人的机械构成。
(2)熟悉机器人的动力——电动机。
(3)熟悉机器人主板的应用。

（4）掌握机器人的信息处理核心——单片机。

（5）掌握声控传感器的使用。

（6）熟悉机器人程序的编译过程。

（7）掌握在线编程器的使用。

二、实验设备

结构机体套件、四只减速直流电动机（配套车轮）、控制主板、电源开关板、声控传感器、电池等部件。

三、实验内容

1. 准备实验场地

场地要求：场地地面颜色为白色，长为 10 000 mm，宽为 500 mm，表面平直，如附图 3 所示。

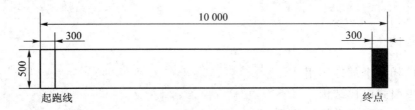

附图 3　短跑机器人场地示意图

2. 检查测试部件

（1）机械部分检查：外形完好，无变形，无破损。

（2）电气部分检查：电池表面清洁，无漏液，无锈斑；控制主板和传感器完好，基板无裂痕，接口插针无氧化；电动机运转平稳，噪声小，无阻滞，无振动。

3. 熟悉控制主板

（1）掌握 AT89S51/52 单片机的应用。

（2）掌握控制主板的 I/O 接口功能，参考图 6-17。

4. 组装车体

（1）安装电动机组与车体底盘。

（2）安装电气部分。

5. 熟悉开发软件 Keil 的使用

6. 编制及下载程序

7. 运行及调试机器人

四、实验要求

（1）安装电器元件时注意绝缘，防止因短路损坏器件或发生危险，在有可能发生短路的地方要加装绝缘垫。

（2）短跑机器人不能偏离跑道，在跑道内完成短跑全过程。

（1）如何提高短跑机器人的速度？
（2）如何保证短跑机器人走直线？

实验九　恒压供水控制系统 PLC 程序设计

一、实验目的

（1）学会 PLC 控制项目的分析方法和步骤。
（2）正确选择项目所需的各种设备及组成元件。
（3）选择 PLC 型号，确定 I/O 分配。
（4）能根据要求编写 PLC 控制程序。
（5）熟练掌握 PLC 控制项目的调试和运行方法。

二、实验内容

（1）恒压供水控制系统首先实现 1#水泵电动机、1#电磁阀、2#水泵电动机和 2#电磁阀手动控制顺序起动，逆序停止，并且要水泵起动后才可以开电磁阀。要求设置起动/停止的总控开关和手动/自动的选择开关。

（2）手动起动后，将手动/自动选择开关调整到自动，PLC 程序进行自动 PID 调节，PLC 模拟量扩展模块 EM235 的输出信号 AQW0 控制变频的模拟量，进而控制端口进行水泵电动机的闭环控制。使用白天/黑夜的选择开关进行选择，选择白天时，2 个水泵工作，选择黑夜时，1 个大容量水泵工作。利用近地/远程选择开关进行控制系统控制权的选择，选择近地时，由控制箱上的按钮、开关控制系统的起动、停止和转速调节，选择远程时，由上位机的监控软件软开关、软按钮控制系统的起动、停止和转速调节。

三、实验要求

1. 进行 I/O 地址分配
2. 编写梯形图
3. 调试程序

四、实验步骤

（1）根据项目要求，进行 I/O 地址分配。
（2）编写梯形图程序并注释。
（3）调试、下载程序。
（4）完成实验检查评估。
（5）完成实验报告。

1. 正确 I/O 地址分配(2 分)

2. 编写梯形图程序正确(4 分)

3. 调试、下载程序并运行正确(3 分)

4. 完成实验报告(1 分)

实验十 恒压供水控制系统变频器参数设定

一、实验目的

(1) 掌握 MM440 变频器的模拟信号控制。

(2) 进一步掌握变频器基本参数的输入方法。

(3) 熟练掌握 PLC 与变频器 MM440 联机的运行操作。

二、实验内容

MM440 变频器可以通过 6 个数字输入端口对电动机进行正反转运行、正反转点动运行方向控制;可通过基本操作板 BOP 控制频率,来设置正反向转速的大小;也可以由模拟输入端控制电动机转速的大小。MM440 变频器为用户提供了两对模拟输入端子 AIN1 +、AIN1 - 和 AIN2 +、AIN2 -,即端子 3、4 和 10、11。

三、实验要求

1. 选择变频器 MM440 参数

2. 设定变频器 MM440 参数

3. 使变频器参数恢复默认值

四、实验步骤

(1) 根据实验要求,进行变频器参数设定。

(2) 上电调试参数。

(3) 完成实验检查评估。

(4) 完成实验报告。

五、考核要求与标准

1. 正确选择参数并给出参数含义(2 分)

2. 正确进行参数设定(4 分)

3. 上电并调试正确(3 分)

4. 完成实验报告(1 分)

实验十一　恒压供水控制系统监控界面组态

一、实验目的

(1) 学会工业组态方法。
(2) 掌握编写监控程序的方法。
(3) 利用"组态王"软件进行监控界面组态。

二、实验内容

使用国产组态软件"组态王"开发恒压供水控制系统的监控系统,从而实现人机对话。利用"组态王"可以有效地对整个控制过程进行监视和控制,可以实现图形化的人机界面,通过上位机可直接监视供水管网压力、1#水泵、2#水泵、1#电磁阀和2#电磁阀的工作状态,还可以对系统进行手动/自动、白天/黑夜、近地/远程选择和起动/停止控制等。

三、实验要求

1. 编写梯形图程序
2. 监控界面组态
3. 调试程序及应用监控软件

四、实验步骤

(1) 根据项目要求,编写 PLC 监控程序并注释。
(2) 监控界面组态。
(3) PLC 程序及监控界面调试。
(4) 完成实验检查评估。
(5) 完成实验报告。

五、考核要求与标准

1. 正确编写 PLC 监控程序(3 分)
2. 正确进行监控界面组态(4 分)
3. 调试、下载程序并运行正确(2 分)
4. 完成实验报告(1 分)

参 考 文 献

[1] 毕承恩,丁乃建.现代数控机床(上、下册)[M].北京:机械工业出版社,1991.

[2] 冯勇.现代计算机数控系统[M].北京:机械工业出版社,1999.

[3] 全国数控培训网络天津分中心.数控原理[M].北京:机械工业出版社,1998.

[4] 严爱珍.机床数控原理与系统[M].北京:机械工业出版社,2000.

[5] 刘跃南.机床计算机数控及其应用[M].北京:机械工业出版社,1996.

[6] 王贵明.数控实用技术[M].北京:机械工业出版社,2000.

[7] 李宏胜.数控原理与系统[M].北京:机械工业出版社,1997.

[8] 李郝林,方键.机床数控技术[M].北京:机械工业出版社,2001.

[9] 王侃夫.数控机床故障诊断及维护[M].北京:机械工业出版社,2000.

[10] 韩鸿鸾.基础数控技术[M].北京:机械工业出版社,2000.

[11] 袁承训.液压与气压传动[M].北京:机械工业出版社,1996.

[12] 陆鑫盛,周洪.气动自动化系统的优化设计[M].上海:上海科学技术文献出版社,2000.

[13] 左健民.液压与气压传动[M].北京:机械工业出版社,1993.

[14] 李世基.微机与可编程控制器[M].北京:机械工业出版社,1994.

[15] 吴振顺.气压传动与控制[M].哈尔滨:哈尔滨工业大学出版社,1995.

[16] 许翏.工厂电气控制设备[M].北京:机械工业出版社,1991.

[17] 王丹利,赵景辉.可编程序控制器原理与应用[M].西安:西北工业大学出版社,1996.

[18] 何希才,刘洪梅.传感器应用接口电路[M].北京:机械工业出版社,1997.

[19] 机电一体化技术手册编委会.机电一体化技术手册[M].北京:机械工业出版社,1994.

[20] 机电一体化设计手册编委会.机电一体化设计手册[M].南京:江苏科学技术出版社,1996.

[21] 梁森,黄杭美,阮智利.自动检测与转换技术[M].北京:机械工业出版社,1999.

[22] G. Fiedler.电子气动[M].马林芳,译.上海:同济大学出版社,1992.

[23] 赫·魏纳.气动技术[M].林恬,译.上海:同济大学出版社,1986.

[24] 孔凡才.自动控制原理与系统[M].北京:机械工业出版社,1995.

[25] 常国兰.电梯自动控制技术[M].北京:机械工业出版社,2008.

[26] 薛晓明.变频器技术与应用[M].北京:北京理工大学出版社,2009.

[27] 石玉明,谭立新.基于S7-200的变频调速恒压供水系统[J].微计算机信息(测控自动化),2006,22:114-116.

[28] 施利春,李伟.PLC与变频器[M].北京:机械工业出版社,2007.

[29] 李全利.PLC运动控制技术应用设计与实践(西门子)[M].北京:机械工业出版社,2009.

[30] 周兵,林锦实.现场总线技术与组态软件应用[M].北京.清华大学出版社,2008.

[31] 林以敏.机器人制作[M].北京:机械工业出版社,2008.

[32] 陶砂,蒋湘若.机器人制作与创新[M].北京:高等教育出版社,2009.

[33] 鲍风雨.自动化设备及生产线调试与维护[M].北京:机械工业出版社,2002.